物 理 実 験

2024

中央大学理工学部物理学科 編

	学科	年	組	番
班	氏名			

学術図書出版社

目　　次

I

基礎編

1 物理実験について

　自然科学は，常に自然を対象としている．物理学は自然科学の重要な一部門であって，その研究に実験は不可欠なものである．

　自然科学では，法則は実験によって見出されるし，また理論の方からある結論が得られた場合も，それが正しいかどうかは実験によって**実証**されなければならない．

　しかし，われわれがここで行ういくつかの実験はいわゆる学生実験と呼ばれるもので，すでに得ている物理学の知識をただ抽象的理解にとどめることなく，実験によって体得し，よりいっそう理解を深めるのが目的であり，あわせて**装置の取り扱い方**，**測定の要領**，**結果の整理**などになれて，将来，その応用にそなえるために行うものである．

　ここにとりあげられている実験課題は，物理学上の基本的なものであるが，実施の関係から，講義の順序と前後することもあり，また全部の課題を実験することができない場合もある．1回の実験時間が限られているので，有効に学習の効果をあげるには指導書について十分予習し，内容をよく理解してから実験することが大切である．各課題ごとに理論が解説されているが，さらに調べておいてほしい．

　学生実験は，研究を主眼としたものではないので，実験結果そのものを特に重視しているわけではない．また装置および方法が必ずしも理想的なものとはいえない場合もある．しかし，用意された装置および方法で，注意深く測定を行うことはいうまでもない．

　得られた結果を既知の値 (accepted values) (理科年表とか定数表などで知る値) と比較した場合，もし違いがあれば，その原因を追求批判することは大切なことである．逆にそれらの値に故意に近づけようとする態度はよくない．ここで行う実験が物理学を理解するのに役立つことを期待する．

2 履修について

1) 数名が班をつくって共同実験者となる．班分けは初日に行う．実験のスケジュール，各テーマの担当者なども初日に発表する．「物理実験」の**掲示はすべて実験室前の掲示板のみ**とする．他の場所での掲示はしない．

2) 1テーマ1実験室で6個の実験台が置かれている．各実験室の場所は掲示板に示す．

3) 全テーマ，初めに担当者による説明・注意を聞いてから実験を開始する．

4) 実験中わからないことがあったら，担当者に聞く．実験装置・器具の**破損・故障**のときは**担当者に申し出る**こと．

5) **出席**は毎回担当者がとる．遅刻・早退は**減点**する．

6) 実験を終了したら器具などを**片づける**こと．マニュアル持出しを禁止．

7) 担当者に実験結果を見せて，よいと判断されたら，**検印**をレポートの表紙(この教科書の後にある)に押してもらって退出する．検印がないレポートは無効(したがって欠席した日のレポートは出しても無効)．

8) レポートは**次回の実験日の実験開始時刻前**までに提出する．

9) 物理実験で必要なものは，簡単な関数機能のついた**電卓**，**教科書**，**物理実験ノート**，**筆記具**，**定規**である．

10) **実験室を開く時刻**：授業開始10分前．

11) 実験室内での飲食は禁止する．

12) 10課題の実験が終了したら，簡単なテストを行う．日時，場所などは別に知らせる．

13) 実験日の振り替え日は設けていない．

以下，物理実験に関する一般的な注意

14) 実験室に来るまでに実験する課題についてこの教科書を読んで，原理・方法・機器の使い方などをできるだけ理解しておく．実験の原理，式の意味，式の算出，その他関連事項，述語などを参考書などで下調べしておくこと．

15) 実験と無関係に，装置・器具などをむやみにいじってはいけない．調整を狂わしたり，こわしてしまうようなことがあり，自らの妨げとなる．

16) 教科書をよく読みながら実験にかかること．正しく読めるように装置や計器の置き方を考える．余計な導線などは片づけて配線が見やすいようにする．

17) 回折格子や，光学器械の光学面には指を触れないこと．

18) 電気の実験では，回路の配線に誤りがないことを十分確かめたうえで，はじめちょっとスイッチを入れてみる(メーターが振り切れそうなとき素早くスイッチが切れるように)．メーターが振り切れそうになったらただちにスイッチを切り，配線を再点検する．瞬間的ならば少しぐらい大きな電流が流れ

ても，普通は焼き切れることはない．

19) **物理実験ノートは毎回必ず持参すること**．課題名，目的を書き，簡単に装置の略図 (配置図でもよい) と使われている器具名などを記載する．データや計算はもちろんであるが，そのほか実験の条件やできごとなどすべて記録する．書き方は自由であるが，データは表形式で記録するのがよい．単位を明記すること．間違えたと思われるデータでも消しゴムで消してしまってはいけない．線を引いて消したことにする．後でそれが参考になることがあるからである．感想なども記録しておくとよい．実験ノートは，提出を求めることがある．データはもちろん，感じたことなど，何でも記録してノートを充実させておくことが，ためになる．測定の mistake がみつかる場合がある．

20) データがとれたら，すぐその場でグラフを書いてみる．用紙は「物理実験ノート」のものを使う．

21) 記録者は測定者の読み取りを必ず復唱してから記録する．これを聞いて測定者が読み誤りに気がつくことがある．記録者はまたいつも測定者の測定の仕方を監視していることも大切である．測定者と記録者はときどき交代する．また測定の間に，計算やグラフ書きなどを行うようにするとよい．

　　実験中でも周囲の迷惑にならない程度に共同者は大いに議論することがよい．それでもわからない場合はそのままにせず指導者にたずね，理解して実験を進めることが大事である．

22) 検印の際に質問を受けることがあるが，明瞭に答えられるようにしてほしい．

23) 班ごとに順番に実験を行っていくので，指定された実験は，その日の時間中にすませる．

24) 各自，持ち物には，必ず名前をつけておくこと (教科書，ノート，筆入れ，電卓，定規など)．

25) 実験は経験主体の科目なので出欠席が成績に大きく関係する．期間中は健康に注意し，休まないよう心がけてほしい．

3 レポートについて

　われわれは行ったことを文書にまとめて，他の人に示す必要が日常生活のなかに多くある．ことがらを正確に伝えることに加えて，自分の意見を述べることも大切なことである．ここでは，物理実験 (学生実験) に限ってレポートの作成などについて述べる．しかし，これは将来皆さんにとって，役に立つ一般共通のことを多く含んでいる．

0) 皆さんが提出するレポートを読む人は，その実験について内容をほとんど知っている担当者だけれど，しかし，実験を知らない人が読む場合を想定してレポートを書くということをまず意識してほしい．

　　実験で一応理解した内容をもう一度復習し，それを順序だてて理解しなおすことが大切で，これをすることではじめて，実験を履修したことになる．またレポートをつくることは，表現力を身につける訓練にもなる．したがって，レポートを書かないような実験はやっても，あまり意味がない．

1) **レポートの提出期間**は，次回の実験日の<u>実験室を開く 40 分前から実験開始時刻前まで</u>とする．**指定の日時以外は提出不可**．これは与えられた時間内に自分の考えをまとめ，要領よく人に伝えるという訓練を将来に向けて養うためである．遅れると減点．

2) 提出場所は廊下レポート受け．テーマ別に口が設けられている．再提出なども同じ．

3) レポートの内容には**見出しをつけたり，<u>アンダーライン</u>を引く**などして，読みやすくすべきである．また測定値などは，**表の形式**で示すのがよい．

4) グラフは教科書の「5. グラフの書き方」を読んでつくる．初日の演習でも練習する．

5) **筆記具**はおもに黒または青色を使用すること．鉛筆でよい．

6) **用紙の大きさ**は市販の A4．グラフは**物理実験ノート**の後半の提出用をミシン目で切り取って使用する．

7) **コピーでの提出は不可**．ただし，実験で print 出力したものは可．

8) レポートの枚数は**5 枚程度でホチキスでとめる**．クリップは不可．**当実験室にホチキスの用意はない**．

9) **レポートにつける表紙** (教科書の後ろにあり，ミシン目で切り取る) に 11) のような項目の欄があるが，これは報告書の再提出をさせるとき，その理由を suggest するための欄なので，皆さんは記入しないように．

10) **プレ・レポート**を実験中に指導担当者に見せる (詳しいことは演習のときに指示する)．

11) 次の各項目の注意を見て書くこと．

　　[目的，原理，方法] ……… 自分なりの文章で要点を簡潔に書く．教科書の丸写しはいけない．まとめて 2〜3 ページくらいでよい．

　　[データ] ……………… すべてのデータを枠や表を使って，見やすく示す．物理量は何か**単位**を忘れずにつける．

　　[結果] ………………… 枠で囲むか，二重線で示す．結果が出るまでの**計算過程**も示しておく．単位を忘れずに，**有効数字をよく検討**する．

[グラフ] .... グラフの表題，**両軸の物理量**は何か，目盛の大きさ，単位，測定値の明示．
曲線の引き方．用紙は物理実験ノートから切り取って使う．

[質問に対する答] .... 簡潔に，答のみでなく過程も書く．参照したものがあれば，それも併記する．

[考察] .... 実験を終えて，何かさらに学び得たこと．実験についての批判や検討．結果の評価 (なぜそのようになったか原因など)．誤差の検討．

[その他] .... 感想などを書く．

4 誤　差

a. 測 定 法

　測定には直接測定と間接測定とがある.「**直接測定**」とは, たとえば, ものさしで長さを測る, 温度計で温度を計る, 電流計で電流を測る場合などのように, 求める量そのままが測られるような測定をいう.

　「**間接測定**」は, 求める量をいくつかの直接測定から計算して得る場合をいう. たとえば, 針金の膨張係数を求めるときには, これを直接に得ることができないから, 温度と長さの変化をそれぞれ測定し, 関係式によって求める. また, 針金の電気抵抗を求めるのに針金の両端での電位差は電圧計で, 流れている電流は電流計でそれぞれ直接測定してから計算によって求めることなどがそれである.

　別の見地から測定には能動的測定と受動的測定の区別がある.「**能動的測定**」というのは, ある状態をつくって, そこにおける性質を測定するという方法であって物理実験では多くの場合がこれである. しかし, 気象や地震の研究は測定のできる機会を待って行う場合が多い. このような測定が「**受動的測定**」といわれる.

　また, 測定法には「**偏位法**」といって計器の振れや温度計の示度を読み取ってただちに測定値とする測定法と, さらに小さな変化を測定するための「**零位法**」がある. これは測定する量を同種類の既知の量と釣り合わせて, 計器の指針が零を示すように, 既知量を加減して測定する方法であって, たとえば, 天秤で測るとき分銅を加減して指針が零を示すようにしたり, 電気抵抗の測定で, ブリッジ回路の抵抗を加減して検流計の指針が零を示すようにしたりするのがこの方法である. また, 光学的温度計は物体の色と標準ランプの色とを望遠鏡の視野内で比較し, 物体の色と等しくなるように標準ランプの色を変えていき, これによって物体の温度を測る. これも零位法の一例である.

b.　測定の誤差

　測定のとき目盛を読み違えたり, 書き違えたりあるいは読み取った数値を計算中に間違えるのは誤差といわず,「**過誤**」(mistake) といい, これは注意すればなくすことができるものである.

　しかし, 過誤が全くない場合でも「**真の値**」を得ることは**不可能**であって (偶然真の値を得たかもしれないが, それが真値であるという証明はできない), われわれの得る測定値はいわば近似値にすぎない. たとえば, ある物体の長さを測って 10 回連続で 1.00 m という測定結果を得たとしても, 真の値は 1.0000001 m じゃないのですか? といわれたら, 何とも答えようがないのである. この近似値と「真の値」との差が誤差 (error) である (ただし, 真値が不明である以上, 実際には誤差も不明であるということに留意せよ)[1].

　誤差を大きく分けると「**系統誤差**」と「**偶然誤差**」とに分けられる.

---

[1] 後で述べるが, 平均値と個々の測定値の差は「誤差」とは呼ばずに「残差」と呼ぶ.

c. 誤差の種類

誤差の生ずる原因によって，次のような種類の誤差が考えられる．理論的誤差，器械的誤差，個人的誤差 (以上を**系統誤差**という)，とそのほかの**偶然誤差**である．上記のうちの，系統誤差については，厳密な定義はできないけれど，たとえば，0 点のずれたノギスとか，測定者のミスやクセによって，正しい測定が行なわれない状態で生ずる誤差のことである．**偶然誤差**は，われわれ人為の及ばない原因による，全く偶然に起こるものであるが，もし，系統的誤差が零になるようにおさえられたとすれば，測定を多数回繰り返すことによって正の誤差と負の誤差が打ち消しあって，ただ 1 回の測定値に比べると，真に近い値が得られる．これが同じ測定を繰り返し行い，平均値を求める理由である．(実際の測定に際しては，前述のすべての誤差が混在している．) 最も真値に近い値と思われる値を最確値という．これを求めるために，系統的誤差をなるべく少なくするような測定器や方法を選ぶことにしても，残る偶然誤差をどう処理するかを考える必要がある．

d. 有効数字 (最下位の桁に誤差を含む数値)

我々は測定により真値に近い値を得たいのであり，そのためには測定誤差の統計的性質を知らなければならないが，統計的処理をする以前に，まず測定値をどのように記述して扱うかについて学ぼう．

ある物体の長さを mm 目盛のものさしで測って，1.23 cm という値を得たとする．この場合の 0.03 cm という量は目測であるから，同じ物体について測定したとしても次に測定するときは最後の 3 を 2，あるいは 4 と読む可能性がある．しかし物体の長さは 1.23 cm にきわめて近い値をもっていることは間違いないから，最後の桁の 3 という数も目測とはいえ一応信用できる数値として扱い，1.2 という確かな数値を含めて 1.23 を有効数字と呼び，この測定値は 3 桁の有効数字をもつという．

有効数字の最後の桁の数は ±1 程度の誤差があるものと見なす．有効数字は測定に使う機器の最小桁の 1 つ下まで目測してとることが多いが，やたらと感度の高いデジタル電圧計でノイズの多い電圧を読んで，読みとった値がばらつき，その最小値が 1.28991 V，最大値が 1.38775 V であった時，測定値をその平均値である 1.33883 V とするのは有効数字という観点からは間違いである．このような場合は，±1 程度の誤差を既に小数第 1 位の数字が含む可能性があるので，有効数字としては 1.3 V となる．**有効数字は測定の精度を表す**ことになるので測定では大切なものである．また，物体の他端がちょうどものさしの目盛線に一致していた場合，目測すべき部分がないからといって，たとえば答を 1.2 cm と書いたとする．するとこの 0.2 cm は目測による値と考えられて，実際には mm 目盛のものさしで測定したにもかかわらず 1 cm 目盛のものさしを使った粗い測定をしたとみなされてしまう．したがってこのように目盛線と一致した場合にも 1.2 cm と書かず 1.20 cm と書き mm まで正確に測定したことを示さねばならない．次に，マイクロメーターを用いたため 1.2120 cm という値まで読み取れたとすれば，有効数字は 5 桁となり mm 目盛のものさしで測定したのに比べると 100 倍精度が上がったことになる．1.2120 を単に数学的な数として見るときは，これは 1.212 に等しく最後の 0 は書かなくてもいいが，物理的な測定値となるとこの 0 の有無で測定の精度が 1 桁違ってくるから注意を要する．(精密測定で 1 桁精度を上げるということはそう簡単なことではない．) 物理量を示す数字を左から見ていき 0 でない数字が現れるまでの 0 は，有効数字ではない．たとえば，測定値 0.00123 m では，1 より左にある 0 は有効数字ではない．すなわち，これは有効数字 3 桁の量である．2 つの有効数字にはさまれている 0 は有効数字である．たとえば 504.0 g は有効数字は 4 桁である．小数値を含む物理量の最後の 0 は有効数字である．7.0 秒は，0.1 秒の範囲で正しいということを示してい

て，有効数字 2 桁の値である．7.00 秒と書けば前者より 10 倍精度の良い値を意味し，有効数字は 3 桁である．有効数字の桁数は単位のとり方に関係ない．12.3 cm，123 mm，0.123 m，0.000123 km いずれにも書けるが，みな有効数字 3 桁の値である．また 12.3 cm³ を mm 単位で示せば 12300 mm³ となるがこの 00 は数値ではなく単に位取りを表すにすぎないから，1.23×10^4 mm³ のように書いて，有効数字を明らかにすることが大切である．

すべての物理量は，意味のある数字 (有効数字) だけが大切なのである．ある数がただ 32100 と書かれている場合，右の 2 つの 0 は数値の 0 か，位取りを示す 0 か，前後関係を見ないと何ともいえない．さらに重要なことは，間接測定値の有効数字である．途中の計算によって有効数字は減少することはあっても増加することはない．3 桁と 4 桁の値を掛け合わせる場合，計算では 6 桁とか 7 桁の値が出ても，その答の有効数字は 3 桁である．意味のある桁数以上の数値は精度が高いのではなく，無意味な計算をした結果にすぎない．

以下に有効数字と四則演算についてまとめておく．

1)　有効数字の桁とは最左端の数字が 0 でない時は，左から数えて数字があるところまでの桁．最左端の数字が 0 の時は，0 以外の数字がでた時から数字が示されているところまでの桁数．有効数字の最後の桁の数は ±1 程度の誤差があるものと見なす．

2)　有効数字のある値同士で足し算，引き算をする場合は小数点でそろえて計算し，最後の結果で小数点以下の桁数が一番小さいものにあわせて四捨五入する．

　　これはたとえば，$13.3 + 0.246 + 4.0367$ というような計算をする場合は，計算結果としては 17.5827 であるが，有効数字として意味を持つ表記をすると 17.6 ということである．これは，13.3 の 0.3 の部分が既に 0.2 かもしれないし 0.4 かもしれない数字であることを考えれば，それより小さな数字を羅列することに意味がないことから理解できるであろう．

3)　有効数字のある値同士で掛け算，割り算をする場合は，計算後に有効数字の桁数が最も小さい桁にあわせて四捨五入する．

　　たとえば，12.343×0.00038 というような計算をする時，単純な計算結果は 0.00469034 であるが，もとの数字が最後の桁の数字に ±1 の不正確さを持っており 0.00038 が 0.00039 かもしれないと思えば，0.00481377 になってしまう可能性も持っている数である．そうすれば確実な所は 0.00469 の最後を四捨五入して，0.0047 というべきであろう．つまり，有効数字の桁数は，2 桁しかない 0.00038 の方に揃ってしまうということだ．

4)　有効数字のある測定値を整数倍する (あるいは整数で割る) 場合は，測定値の有効数字の桁数にあわせる．これは整数には誤差を含まないと考えるからである．

　　0.55 (測定値) × 5 (整数) = 2.75 であるが，これの有効数字を考えると計算結果は 2.8 と書くべきである．

その他に有効数字の計算で注意しておくべき点としては，計算の途中ではむやみに四捨五入しない．特に途中で減算 (引き算) が含まれる場合は誤差が大きくなること，などである．後で出てくる標準偏差や標準誤差の計算における平方根をとるような演算については，有効数字の桁数は変わらない．[2]

---

[2]　x を 2 乗したものの有効数字の桁数は，もとの x の有効数字の桁数と同じであるから，その逆を考えれば平方根をとったときの有効数字の桁数も，もとの有効数字の桁数と同じになる．

偶然誤差の従う統計

e. 確率論の用語

以上の有効数字の議論は素朴に測定機器の指示した値を読んで，その一回一回の値をどこまで信頼できるか，と言うものであったが，多数回測定をくり返し，統計的な処理をする場合には誤差をより詳細に見積もることができる．そこで以下では偶然誤差の従う統計的性質について考える．系統誤差は無いものとしている．まず，本題に入る前に統計処理と確率論は密接な関係にあるので，最初に簡単な確率論の言葉の定義をしておこう．

確率過程

何が起こるか確率的にしか判らない事象が生起する過程を**確率過程**という．

これはトランプをめくってカードの数字を見ていく過程でも良いし，工場で製品の検査をして良品と不良品を分けるような過程でもよい．

確率変数

広く捉えて確率的に起こる事象に対応する数値を**確率変数**という．たとえば，次々と色紙の集団から1枚取り出して，それが何色であったか，ということを見ていくという確率過程に対して，赤色の紙が出れば1，青色の紙が出れば2，というように数値を対応させるとする．この場合，「～色の紙が出る」と言うことが確率的に起こる事象であり，それに対応する数値が確率変数である．工場で生産した製品の検査で，良品には0，不良品には1という確率変数をわり当てれば，この確率変数の平均値は不良品の発生率になるだろう．"事象 = 数値"で表されるものも多いが，"確率変数の値が同じである = 同じ事象"とは限らない．

確　　率

全部で N 回の試行を行って，i 番目の種類の結果 (事象) が n_i 回得られたとする．このとき，$N \to \infty$ にした極限で i 番目の事象が起こる確率 P_i を下のように定義する．

$$P_i \equiv \lim_{N \to \infty} \frac{n_i}{N} \tag{4.1}$$

あるいは，確率 P_i が与えられた時，N 回の試行のうち i 番目の事象が起こる回数の平均値 (期待値) は $P_i \times N$ である．P_i を i の関数として表したものを**確率分布**または，**確率分布関数**と呼ぶ．これが定義できるためには，結果を事象にカテゴリー分けする基準がまず決まっていないといけない．結果が，数値に直接結びついている場合は簡単だが，たとえば上の例の製品の検査を考えても，どこからどこまでを良品とするか，不良品とするかの基準が無ければ確率も定義できないことは意識しておいた方がよい．逆に基準をしっかり定義できれば，今までどう捉えようのなかったような現象でも，統計的に処理できる可能性が出てくる．

負の確率はなく，すべての場合の確率の和は1であるから，P_i が確率分布関数であるためには，

$$0 \leqq P_i \leqq 1 \tag{4.2}$$

$$\sum_i P_i = 1 \tag{4.3}$$

という条件を満たしていないといけない．2つ目の条件を規格化条件と呼ぶ．

確率分布関数を使うと，確率変数のさまざまな関数の平均値 (期待値) を求めることができる．たとえば i 番目の事象に確率変数 x_i が対応している時の x_i の平均値 (期待値) は次式で与えられる．

$$\langle x_i \rangle = \sum_i x_i P_i \tag{4.4}$$

同様に $x_i{}^2$ の平均値 (期待値) は次式で与えられる．

$$\langle x_i{}^2 \rangle = \sum_i x_i{}^2 P_i \tag{4.5}$$

一般に確率変数 x_i の関数を $g(x_i)$ とすると，$g(x_i)$ の平均値 (期待値) は，

$$\langle g(x_i) \rangle = \sum_i g(x_i) P_i \tag{4.6}$$

となる．

確率密度

確率的に生起する事象が連続変数であらわされて，それに対応する確率変数が連続な値をとる場合を考えよう．たとえば道路のある地点を 1 台の自動車が通過してから 2 台目の自動車が通過するまでの時間を測定するような場合である．事象は x 秒後に通過する，と言う事柄で，確率変数はその時間間隔 x そのものとすればよい．この場合 x は連続と考えられるが，何回測定しても全く同じ測定値 x が得られることはほとんど無いだろう．そのような時に，特定の値 x が測定値として得られる確率，たとえば 2 台目の自動車が，1 台目よりぴったり 999.999 秒後に通過する確率というのは実質的に 0 であり，あまり議論する価値がない．その代わりに測定値 x が $a < x < b$ になる確率 $P(a < x < b)$，と言うようなもの，たとえば 900 秒から 1200 秒の間に 2 台目が通過する確率，というようなものは意味を持ちうる．そこで，

$$P(a < x < b) = \int_a^b f(x)\,\mathrm{d}x \tag{4.7}$$

となるような連続関数 $f(x)$ を考えて，これを**確率密度**，あるいは**確率密度関数**と呼ぶ．

確率密度は確率そのものではない．何かの測定値 (= 連続な確率変数) が特定の x の値とぴったり一致する確率は，ほとんど 0 かも知れないが，x の前後 $\mathrm{d}x$ の幅の中に入る確率は？ と言われれば，それは $f(x)\,\mathrm{d}x$ になるような関数である．したがって $f(x) > 1$ であっても構わない．しかし確率変数がとりうるすべての範囲で積分すれば，それは全確率で 1 になるから一般に，

$$\int_{x=-\infty}^{x=+\infty} f(x)\,\mathrm{d}x = 1 \tag{4.8}$$

これは確率密度の規格化条件である．

また，負の確率というのは存在しないので，

$$f(x) \geqq 0 \tag{4.9}$$

である[3]．しかし上で述べたように $f(x) > 1$ であっても構わない．

ある事象 i に対応する確率変数 x_i の関数 $g(x_i)$ の平均値 (期待値) が $\langle g(x_i) \rangle = \sum_i g(x_i) P_i$ で与えられたのと同様に，連続的に変化する確率変数 x の関数 $g(x)$ の平均値 (期待値) は，確率密度関数 $f(x)$ を用いて，

---

[3] ここでの説明は，実験実習の内容の理解と他の講義の前準備に役立つ程度のものを目指しているので，かなり説明内容を限定して，卑近な例だけで説明している．もっと正確に詳しく知りたい人は，参考書を見るなどして自分で調べてみることを勧める．

$$\langle g(x) \rangle = \int_{-\infty}^{+\infty} g(x) f(x) \, \mathrm{d}x \tag{4.10}$$

と表される.

f.　誤差の3公理, 正規分布 (ガウス分布)

　さて, 誤差の話に戻ろう. ある1つの物理量を同じ条件で何回か測定した場合, そのつど真の値 X_0 に誤差 ε を加えた測定値 x が出る, ということも上記の定義に照らせば, れっきとした確率過程である. この場合, 測定値の値が x である, ということが事象であり, x の値そのものを連続な確率変数と見なすことができる. したがって, 測定値 x あるいはそれに付随する ε について確率密度関数や期待値を考えることができる.

　まず, 実験データを次のようにプロットしてみよう. 測定値の平均値を求め, 次にこの平均値と個々の測定値との差 (これを残差という) を求める. この残差群を小さく区分けして, 横軸に目盛る. ある区間 i 内に所属する残差に関係した測定値の数を n_i とし, これをその区間の中央に立てた垂線の長さにとる. このようなことを各区間について行い, その垂線の頭をつないでいくと, 図4.1のような形の図形ができる (測定回数を多くし, 区分けを小さくとって行う). 残差を誤差とみなせば, この図形は次のことを示していると考えられる.

1) 絶対値の等しい正の誤差と負の誤差の現れる数は相等しい.

2) 絶対値の小さい誤差の方が大きい誤差より数は多い.

3) 絶対値がある値 (a) 以上の誤差はない.

　これらは, このように分析して得られた経験上のものであるが, 誤差を考えるときの**公理**として扱われる. Gauss はこのようにひとつの量を繰り返し何回も測定する場合, たとえ条件や注意力を同じにしても, 測定値が違って得られるのは偶然の原因によるものであると考え, 確率を基礎として**誤差分布 (ガウス分布**または**正規分布**) を示す式を導いた. すなわち, 誤差が ε である確率密度を次の式で示した.

$$f(\varepsilon) = \frac{h}{\sqrt{\pi}} \mathrm{e}^{-h^2 \varepsilon^2} \tag{4.11}$$

　一般に, ± 対称で平均から極端に離れた所では 0 になるような分布は, ガウス分布に似たようなものになりがちであることは, 「後注」のような, おおざっぱな議論からもある程度推し量られるものであるが, 厳密な議論は後回しにして, この誤差曲線の形について考えよう.

　まず, 図4.2のように ε と $\varepsilon + \mathrm{d}\varepsilon$ から y 軸に平行な直線を引く. この2直線と誤差曲線によって囲まれ

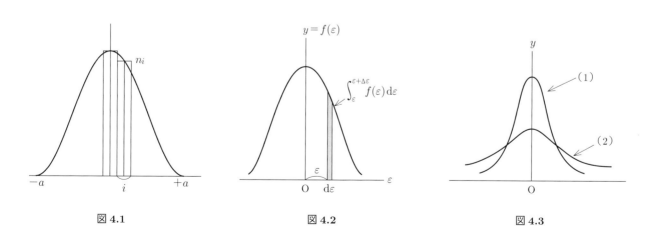

図 4.1　　　　　　　図 4.2　　　　　　　図 4.3

た部分の面積は, $\displaystyle\int_{\varepsilon}^{\varepsilon+\Delta\varepsilon} f(\varepsilon)\,\mathrm{d}\varepsilon$ に相当し, 誤差が ε と $\varepsilon+\mathrm{d}\varepsilon$ との間に存在する確率を表す. $\varepsilon=\pm\infty$ でなくても, 少し大きな値 $\pm a$ で $f(\varepsilon)$ は実質的に 0 になる. またこの図形は式の中の h の値によって, 形が変わってくる. h が大きいと図形はシャープになる. $h_1 > h_2$ であるような 2 つの図形を書くと, 図 4.3 の (1), (2) のようになる. a を誤差の限界とすると, 誤差が $-a$ と $+a$ との間に生ずる確率はほぼ 1 である (ほとんど必ず $-a$ と $+a$ の間にある) から, この面積はほぼ 1 である. (1), (2) 曲線による面積ももちろん相等しく 1 である. よって, (1) のようなシャープな図形は裾幅が狭い図形ということで小さい誤差の生ずる確率は大きいが, 大きい誤差の生ずる確率は小さいことを意味し, 測定として望ましい. (2) のような図形は大きい誤差の生ずる確率が大きく不正確な測定に相当する. よって, h の大小は測定の良否を表す.[4]

g. 測定値の信頼度

……多数回測定した結果 (あるいは測定) は, どれくらいのばらつきを持っているか.

ある真値 X_0 を持つ量について, $x_1, x_2, x_3, \cdots, x_n$ と n 個の測定値があり, その誤差を $\varepsilon_1, \varepsilon_2, \varepsilon_3, \cdots, \varepsilon_n$ とすると, $\varepsilon_1 = x_1 - X_0, \varepsilon_2 = x_2 - X_0, \varepsilon_3 = x_3 - X_0, \cdots, \varepsilon_n = x_n - X_0$ である. 誤差が小さいほど精度がよく, 測定値の信頼度はよいわけだから, 誤差の平均値をとって, その大小で信頼度を云々したいところであるが, そうすると正負相殺して誤差の平均値は零に近い値となってしまう. そこで誤差を 2 乗して平均をとり, それを平方に開いた値 σ_n をもって, 個々の測定値の信頼度を表すことにしている. この σ_n を平均 2 乗誤差, または標準偏差という. 一方, 平方に開く前の値, $\sigma_n{}^2$ を分散と呼ぶ.

$$\sigma_n{}^2 = \frac{\sum \varepsilon_i{}^2}{n} \tag{4.12}$$

$$\sigma_n = \sqrt{\frac{\sum \varepsilon_i{}^2}{n}} \tag{4.13}$$

個々の偶然誤差の生じる確率は前述のように正規分布に従う. そして, この σ_n の n を ∞ にした極限である σ と, 正規分布の式中の h との間には次の関係がある.

$$\sigma = \frac{1}{h\sqrt{2}} = \frac{0.7071}{h} \tag{4.14}$$

h が大きいことは, 前述のように図 4.2 の図形がシャープになることで, 測定精度が良いことを意味し, また h が大きいことは (4.14) 式から σ が小さいことになるから, σ の大小でも精度の大小を検証することができる. このことは, 次のことからもわかる. いま, この確率曲線の変曲点を求めてみると, $\pm\dfrac{1}{h\sqrt{2}}$ となるから, 平均 2 乗誤差 σ というのは変曲点の横座標に相当する誤差でもある. 変曲点の横座標が小さいということは, その曲線がシャープな形をしていることを意味する. そして真値 $X_0 \pm \sigma$ の範囲内に 68.26％のデータが入ることが知られている. $X_0 \pm 2\sigma$ の範囲内ではこれが 95.44％, $X_0 \pm 3\sigma$ の範囲内では 99.74％となり, 平均値から 3σ 以上離れた値が測定で得られることは非常にまれである.

ところで, 測定のばらつきを評価するのに σ (あるいは σ_n) を選ぶのは人間の決めた規則である. σ は誤差が従う統計 (正規分布の確率密度関数) のパラメーターと上述のような簡単な関係を持ち, 計算もしやすいので σ (あるいは σ_n) を採用するのである. しかし, 現実の測定は有限回であるため, 特に測定回数が少ない時には (4.12) 式で算出した σ_n はそれほどよいパラメーターにはならない. たとえば $n=1$ のときには常に $\sigma_n = 0$ となってしまい, 測定は非常に正確であるという意味のない結論が出てしまう. さらに,

---

[4] 測定値のばらつきが偶然誤差だけによっている場合をここでは論じている.

前にも述べたように，われわれには真値 X_0 がわからないから，実際には式の中で使うべき誤差もわかるはずがない．そこで実際には真の値の代わりに最確値として算術平均値をとり，また誤差の代わりに残差をとる．そして残差 (算術平均値 X と，個々の測定値 x_i との差) を v_i として，

$$\sigma^* = \sqrt{\frac{\sum v_i{}^2}{n-1}} \tag{4.15}$$

というパラメーターを用いて測定値の信頼度 (測定結果のばらつき具合) を検討することが多い．

　この式では $n \to \infty$ で $\sigma^* \to \sigma$ であり，$n = 1$ では誤差に関する議論が無意味であることを教えてくれる．この σ^* を「測定値の平均 2 乗誤差」(実験標準偏差または単に標準偏差，Standard Deviation, SD) と呼ぶ．また，σ^{*2} を不偏分散と呼ぶ．

　σ^* を測定値のばらつきを評価するパラメーターとするのも人間の決めた規則であるが，このように考える理由付けに関しては，「後注」を参照されたい．

h.　平均値の信頼度

…… 測定した結果の平均値は真の値からどれくらい離れている可能性があるか．

　σ^* は，測定のばらつきを表すパラメーターであり，一つ一つの測定値が σ^* のばらつきを持つ測定から得られたことを示す．もちろん σ^* のもたらす情報は重要であるが，多数回測定した結果の平均値がどれくらいの誤差を含んでいるかを示すパラメーターではない．しかし後者も同じくらい重要である．これから述べる「平均値の平均 2 乗誤差」σ_X は，平均値のばらつきを表すものであり，算出された平均値がどれくらい真値からはずれている可能性があるかを表す．

　ここで n 回繰り返した測定値を $x_1 \sim x_n$ とする．算術平均値 X は $X = \dfrac{\sum x_i}{n}$ で，最確値であるが，しかし，いぜんとして誤差を含んでいる．そこで平均値の信頼度を検討するのに「**平均値の平均 2 乗誤差**」(または標準誤差，Standard Error, SE) を考える．この場合，平均値 X は直接測定されているものではなく，平均 2 乗誤差 σ^* を持つ測定で得られた測定結果から算術平均という演算をして得られる間接測定値である．従ってその信頼度は間接測定値の信頼度を計算して求めることになる．その計算の詳細は「k. 間接測定値の信頼度」を見ていただくことにして結論を先に書くと，「平均値の平均 2 乗誤差」σ_X は，

$$\sigma_X = \frac{\sigma^*}{\sqrt{n}} = \frac{1}{\sqrt{n}}\sqrt{\frac{\sum v_i{}^2}{n-1}} = \sqrt{\frac{\sum v_i{}^2}{n(n-1)}} \tag{4.16}$$

という関係であらわされる．つまり，平均値 X がどのくらいの信頼度をもっているかは，σ_X を算出してみればわかる．

　そこで，平均値を答えるときにはこの σ_X を付記し $X \pm \sigma_X$ と記し，平均値の信頼度を示しておくことが望ましい．[5] さらに測定の回数 n も付記するべきである．

　例：ガラス板の厚さを 5 回測定して，下の表の第 1 列に示すような測定値を得た．平均値は $X = 2.343$ (計算自体は 1 桁下まで計算して，最後の桁を四捨五入して表示する) である．本当はもっと多数回の測定

---

[5] σ^* は，測定のばらつきを表すパラメーターであり，一つ一つの測定値が σ^* のばらつきを持つ測定から得られたことを示すが，個々の測定値と真値の関係を示すものではない．それに対して σ_X は，平均値のばらつきを表すものであり，算出された平均値がどれくらい真値からずれている可能性があるかを表す．したがって平均値 $\pm \sigma_X$ で，平均値の確からしさを表す．しかし，しばしば平均値 $\pm \sigma^*$ が表記されることもある．両者の区別をはっきりつけるために，数値 ± 誤差の表記の後に (mean±SD) あるいは (mean±SE) と明記するのがよい．σ^* と σ_X の性格の違いを反映して，n をいくら大きくしても σ^* は測定の精度を表す一定の値に収束するのみで 0 にはならないが，σ_X は，平均値の信頼性を表す数字であるので $n \to \infty$ で $\sigma_X \to 0$ に収束する．

が必要であるが，紙面の都合上，測定回数を少なくしている．

(A)

測定値 x_i [mm]	残差 v_i	$v_i{}^2$
2.345	0.002	0.000004
2.344	0.001	0.000001
2.343	0	0
2.341	-0.002	0.000004
2.342	-0.001	0.000001
$X = 2.3430$	$\sum v_i = 0$	$\sum v_i{}^2 = 0.00001$

(A) の測定値の平均 2 乗誤差 (標準偏差 SD) σ^* は

$$\sigma^* = \sqrt{\frac{\sum v_i{}^2}{n-1}} = \sqrt{\frac{0.00001}{5-1}} \approx 0.002\,\mathrm{mm}$$

平均値の平均 2 乗誤差 (標準誤差 SE) σ_X は，

$$\sigma_X = \sqrt{\frac{\sum v_i{}^2}{n(n-1)}} = \sqrt{\frac{0.00001}{5(5-1)}} \approx 0.0007\,\mathrm{mm}$$

となる．平均値をその誤差とあわせて表記するならば，2.3430 ± 0.0007 mm (mean $\pm$ SE) と表記するのがよい．

これに対し個々の測定が粗く，(B) のように個々の測定値が大きくひらいている場合を例にすると，

(B)

測定値 x_i [mm]	残差 v_i	$v_i{}^2$
2.345	0.0108	0.00011664
2.291	-0.0432	0.00186624
2.312	-0.0222	0.00049284
2.401	0.0668	0.00446224
2.322	-0.0122	0.00014884
$X = 2.3342$	$\sum v_i = 0$	$\sum v_i{}^2 = 7.08680 \times 10^{-3}$

(B) の測定値の平均 2 乗誤差 (標準偏差 SD) σ^* は

$$\sigma^* = \sqrt{\frac{\sum v_i{}^2}{n-1}} = \sqrt{\frac{7.0868 \times 10^{-3}}{5-1}} \approx 0.04\,\mathrm{mm}$$

平均値の平均 2 乗誤差 (標準誤差 SE) σ_X は，

$$\sigma_X = \sqrt{\frac{\sum v_i{}^2}{n(n-1)}} = \sqrt{\frac{7.0868 \times 10^{-3}}{5(5-1)}} \approx 0.02\,\mathrm{mm}$$

となる．平均値とその誤差とあわせて表記するならば，2.33 ± 0.02 mm (mean $\pm$ SE) と表記するのがよい．

　結果を見て分かることは，(A) では個々の測定値は小数点以下 3 桁まで信頼できるし，平均値は小数点以下 4 桁まで信頼できるが，(B) では，個々の測定値は小数点以下 2 桁までしか信頼できず，平均値も小数点以下 2 桁までしか信頼できない．ところで，(A) のような結果を得た人が，故意に 5 回の測定値をすべて 2.3 と報告したらどうなるであろうか，この場合，機械的に σ^* や σ_X の計算をすると，それらは完全に 0 になり，非常に精密な測定によって完全に平均値が決まってしまったことになる．このような結論は明らかに不合理であると判断しなければならない．何回も同じ値しか測定で得られなかったとすれば，それは有効数字 (最後の桁に不確かさが残っている) を生かし切るところまで数値を読んでいない，あるいは測定器の表示が大雑把すぎると結論するべきである．言い換えるとまったくばらつきのない測定値は何桁目から誤差を含んでいるかという情報を含んでいないと言えるわけで，そのような結果から誤差の見積もりはできないのである．測定値や平均値の信頼度を見積もるための σ^* や σ_X の定義は万能ではない．考えもなく単なる大量の計算をして，その結果を最良推定値の式に闇雲に代入するのではなく，いままさに行っている実験の状況下で，それも測定している最中に，実験値について熟考することが重要である．

i. 精 密 度

　誤差が小さければ，その測定値の精度は良いということであるが，ただ誤差の値の大小だけで精度を決めることはできない．たとえば 1 m ぐらいの長さに対して 0.1 mm ぐらいの誤差があっても，普通は無視され，精密な測定というかもしれない．しかし，1 mm ぐらいの長さに対して 0.1 mm の誤差は，無視できないから，不精密な測定といえる．つまり，精度は誤差の絶対値だけでなく，測定する対象の大きさも関

係する.

　地球の直径に対して，何 cm という誤差はまったく問題にならないのに反し，針金の直径に対しては，0.1 cm の誤差は問題となる．そこで測定値 x とその誤差 ε との相対値 $\frac{\varepsilon}{x}$ を考えて，これで測定値の精度を表す．しかし，ε の値は不明である．そこで測定を多数回繰り返してとった平均値の精密度について，ε の代わりに前述の σ^* をとるべきであるが，いちいち σ^* を計算することが実用的でない場合や，1 回しかしていない測定の場合などには，測定値を素朴に読んで決める有効数字で限界誤差を推定することが普通である．測定値はその最後の桁の数値が目測によるものであるから，そこに最大 1 の数値の誤差があると考えられるし，また計算値も最後の桁に最大 1 の誤差があるというところで止めて，その次の桁の数は四捨五入するから，いずれも最後の桁の数値に ±1 の誤差があると考えられる．そこで，この最後の桁の ±1 を限界誤差 ε^* とするのである.

　たとえばある測定値が 32.1 であれば $\varepsilon^* = \pm 0.1$ と見て，32.1 という測定値は $\frac{0.1}{32.1} \fallingdotseq \frac{1}{320} = 0.3\%$ の精度の測定値であるといい，32 という測定値は $\frac{1}{32} \approx \frac{1}{30} = 3\%$ と見て，3% の精度の測定値であるという．またもし，0.32 なら $\frac{0.01}{0.32} \approx \frac{1}{30} = 3\%$ で，これも 3% の測定値となる．32 より 0.32 の方が小さいから，0.32 の方が精度がよい測定値だと思ってはいけない.

j.　誤差の伝播 (でんぱ)

　間接測定の場合，個々に測った測定値の誤差が，どのように間接測定値の誤差に影響してくるか，あるいは個々に測った測定値の精度がばらばらのとき，**間接測定値の精度**はどうなるかを見てみよう.

　矩形の 2 辺 a, b の測定に，それぞれ $\pm \Delta a, \pm \Delta b$ の誤差が含まれているとき，$S = a \times b$ という計算によって求める矩形の面積 S にどれほどの誤差 ΔS が見込まれるか，あるいは S の精度はどう表せるかというと，

$$S \pm \Delta S = (a \pm \Delta a)(b \pm \Delta b) = ab \pm a\Delta b \pm b\Delta a \pm \Delta a \Delta b \approx ab \pm a\Delta b \pm b\Delta a$$

上式の右辺で $\Delta a \Delta b$ は他の項に比べてずっと小さくなるので無視した.

　よって面積 S に含まれる誤差 ΔS は，

$$\pm \Delta S = \pm a\Delta b \pm b\Delta a$$

であり，両辺を S で除して絶対値をとると，

$$\left| \frac{\Delta S}{S} \right| = \left| \frac{\Delta a}{a} \right| + \left| \frac{\Delta b}{b} \right| \tag{4.17}$$

すなわち，面積 S の精度は，辺 a, b の各測定精度の和となって現れる.

　いま，$a = 123.0\,\mathrm{m}$，$b = 4.0\,\mathrm{m}$，$|\Delta a| = |\Delta b| = 0.1\,\mathrm{m}$ であったとすると，

$$\left| \frac{\Delta S}{S} \right| = \frac{0.1}{123.0} + \frac{0.1}{4.0} \approx 0.0008 + 0.025$$

となり，この例では S の相対誤差は b の**相対誤差 (精度)** の影響が大きくきいていることがわかる．a の測定値は少し精度が良すぎたというか，あるいは b の測定値の精度をもっと上げるべきであったというかどちらかになる．このようなときは a と b の相対誤差がそれぞれ等しくなるような精度で測定するのがよいのである．たとえば b の測定でどうしても 10 cm ぐらいの誤差が見込まれるなら，a の測定に 3 m ぐらいの誤差があっても a, b はともにほぼ等しい精度の測定であったといえる.

　さらに例をあげると，たわみ法で求めるヤング率 E は次の式で与えられる.

$$E = \frac{mgl^3}{4a^3be} = \frac{mgl^3 x}{2a^3bzy}$$

m：荷重 (約 $0.600\,\mathrm{kg}$)，g：重力加速度 ($9.8\,\mathrm{m/s^2}$ を使う)，l：試料棒の長さ (約 $0.4\,\mathrm{m}$)，x：距離 (約 $1.30\,\mathrm{m}$)，a：試料棒の厚さ (約 $5 \times 10^{-3}\,\mathrm{m}$)，$b$：試料棒の幅 ($1.6 \times 10^{-2}\,\mathrm{m}$)，$z$：てこの足の長さ (約 $3\,\mathrm{cm}$)，y：目盛の変化量 (約 $4\,\mathrm{cm}$)

このヤング率 E の相対誤差に対する各項の寄与を最大誤差の場合を考えて見積もろう．一瞬どうすればよいのか迷いそうだが，両辺の対数をとり，全微分し，最大誤差の場合を考えると次のような式が得られる (導出の詳細については「後注」参照)．

$$\left| \frac{\Delta E}{E} \right| = \left| \frac{\Delta m}{m} \right| + \left| \frac{\Delta g}{g} \right| + 3 \left| \frac{\Delta l}{l} \right| + \left| \frac{\Delta x}{x} \right| + 3 \left| \frac{\Delta a}{a} \right| + \left| \frac{\Delta b}{b} \right| + \left| \frac{\Delta z}{z} \right| + \left| \frac{\Delta y}{y} \right| \tag{4.18}$$

そこでもし右辺の各項が $\frac{1}{400}$ の値でおさえられれば，ヤング率は $\frac{1}{400} \times 8\,(= 2\,\%)$ の**相対誤差 (精度)** で求めることができる．

それには，

$$m\ \text{については} \quad \left| \frac{\Delta m}{m} \right| = \frac{1}{400} \quad \therefore \quad \Delta m \approx 1.5\,[\mathrm{g}],$$

$$g\ \text{については} \quad \left| \frac{\Delta g}{g} \right| = \frac{1}{400} \quad \therefore \quad \Delta g \approx 0.02\,[\mathrm{m/s^2}],^{[6]}$$

$$l\ \text{については} \quad 3\left| \frac{\Delta l}{l} \right| = \frac{1}{400} \quad \therefore \quad \Delta l \approx 0.3\,[\mathrm{mm}],$$

以下同様にして $\Delta x \approx 0.4\,[\mathrm{cm}]$，$\Delta a \approx 0.003\,[\mathrm{mm}]$，$\Delta b \approx 0.04\,[\mathrm{mm}]$，$\Delta z \approx 0.08\,[\mathrm{mm}]$，$\Delta y \approx 0.1\,[\mathrm{mm}]$ となるから，それぞれの量をこのくらいまで測定しなければならない．したがって，それに必要な測定器も要求される．

なお，この例では，a と l は 3 乗の形で式中にあり，相対誤差 (精度) は他のものより 3 倍大きくなっている．このように指数のついた量の相対誤差は，その指数倍だけ重みがつくから，測定もそれだけ精度を上げる必要があることに留意しよう．

k.　間接測定値の信頼度

物理量 $x, y, z, \cdots$ を測定して，式 $a = f(x, y, z, \cdots)$ にそれぞれ代入して，a という物理量を計算によって求めるといった場合が非常に多い．a は直接測定して求まるものではないので，間接測定と呼ぶ (測定ではなく計算によって求めるのであるが，こう呼んでいる)．この場合，x の測定値を $x_1, x_2, \cdots, x_n$，y の測定値を $y_1, y_2, \cdots, y_n$，z の測定値を $z_1, z_2, \cdots, z_n$ とし，それぞれの平均値を計算し，$X, Y, Z, \cdots$ とすれば a の最確値 A は，

$$A = f(X, Y, Z, \cdots) \tag{4.19}$$

A の信頼度をその平均 2 乗誤差 σ_A で表すと，σ_A は

$$\sigma_A = \sqrt{\left(\frac{\partial A}{\partial X} \right)^2 \sigma_X{}^2 + \left(\frac{\partial A}{\partial Y} \right)^2 \sigma_Y{}^2 + \left(\frac{\partial A}{\partial Z} \right)^2 \sigma_Z{}^2 + \cdots} \tag{4.20}$$

で与えられる．

ここで $\sigma_X, \sigma_Y, \sigma_Z, \cdots$ は，それぞれ平均値 $X, Y, Z, \cdots$ の平均 2 乗誤差である ((4.16) 式参照)．

---

[6] g は重力加速度で定数であると見なせば，誤差の計算には入らないが，物理定数も一般には誤差を含んでいる．

例：同じ測定を繰り返して得られた測定結果 $x_i(i = 1, 2, \cdots, n)$ の算術平均値 X も間接測定により求められた値である．そこでその信頼度について考えてみると，$X = \frac{1}{n}\sum_{i=1}^{n} x_i$, $\frac{\partial X}{\partial x_i} = \frac{1}{n}$ に注意して，

$$\sigma_X = \sqrt{\left(\frac{\partial X}{\partial x_1}\right)^2 {\sigma_{x_1}}^2 + \left(\frac{\partial X}{\partial x_2}\right)^2 {\sigma_{x_2}}^2 + \cdots} = \sqrt{\left(\frac{1}{n}\right)^2 {\sigma_{x_1}}^2 + \left(\frac{1}{n}\right)^2 {\sigma_{x_2}}^2 + \cdots}$$

繰り返し行った測定は同じ精度で行ったのであるから個々の測定に付随する (測定値) の平均 2 乗誤差について，$\sigma_{x_1} = \sigma_{x_2} = \sigma_{x_3} = \cdots = \sigma$ となり

$$\sigma_X = \sqrt{\left(\frac{1}{n}\right)^2 n\sigma^2} = \frac{\sigma}{\sqrt{n}}$$

これは (4.16) 式と一致する．われわれが測定を繰り返して行い，平均値をとるのは信頼度の高い値を得たいからである．

後注
簡単な議論による正規分布の式の導出とガウス積分

誤差 ε の従う確率密度関数を $f(\varepsilon)$ とおこう．この関数は，$\varepsilon = 0$ で最大値をとる山形で (誤差の公理の2.) ε が 0 から離れると 0 に近づく (誤差の公理の3.) とする．この関数の対数を取って，$\varepsilon = 0$ の周りで展開すると，

$$\ln f(\varepsilon) \cong \ln f(0) + (\varepsilon - 0)\left[\frac{\mathrm{d}\ln f(\varepsilon)}{\mathrm{d}\varepsilon}\right]_{\varepsilon=0} + \frac{(\varepsilon - 0)^2}{2!}\left[\frac{\mathrm{d}^2\ln f(\varepsilon)}{\mathrm{d}\varepsilon^2}\right]_{\varepsilon=0} + \cdots \tag{A.1}$$

ここで，$\varepsilon = 0$ は山のてっぺんなので，傾きは 0，つまり上の式の右辺第 2 項は 0 で，$+\cdots$ のところを切り捨ててしまうと，

$$\ln f(\varepsilon) \cong \ln f(0) + \frac{(\varepsilon - 0)^2}{2!}\left[\frac{\mathrm{d}^2\ln f(\varepsilon)}{\mathrm{d}\varepsilon^2}\right]_{\varepsilon=0} \tag{A.2}$$

$\left[\frac{\mathrm{d}^2\ln f(\varepsilon)}{\mathrm{d}\varepsilon^2}\right]_{\varepsilon=0}$ は未知であるが，とにかく定数で，山のてっぺん，すなわち上に凸の曲線の二次微分だから，必ず負の数であることを考慮して，前の $\frac{1}{2!}$ と合わせて $-h^2$ とおいておく．ここで，この対数を元に戻すと，

$$f(\varepsilon) \cong f(0)e^{-h^2\varepsilon^2} \tag{A.3}$$

これは，誤差の公理の 1. を満たしている．これが本当の確率密度であるためには，全確率の和が 1 になるという規格化条件を満たしていなければならない．すなわち，

$$P(\varepsilon) = \int_{-\infty}^{+\infty} f(\varepsilon)\,\mathrm{d}\varepsilon = \int_{-\infty}^{+\infty} f(0)e^{-h^2\varepsilon^2}\,\mathrm{d}\varepsilon = 1 \tag{A.4}$$

(A.4) の条件から $f(0) = \dfrac{1}{\displaystyle\int_{-\infty}^{+\infty} e^{-h^2\varepsilon^2}\,\mathrm{d}\varepsilon}$ として $f(0)$ が決まって (4.11) 式に一致する．$\displaystyle\int_{-\infty}^{+\infty} e^{-h^2\varepsilon^2}\,\mathrm{d}\varepsilon$ の積分は見たことがないかもしれないが，「ガウス積分」と言う有名な積分である．初めてだとわかりにくいかもしれないので，以下に $\displaystyle\int_{-\infty}^{+\infty} e^{-ax^2}\,\mathrm{d}x$ の計算の仕方を示す $(a > 0)$.

最初に答だけ示しておくと，

$$\int_{-\infty}^{+\infty} e^{-ax^2}\,\mathrm{d}x = \sqrt{\frac{\pi}{a}} \tag{A.5}$$

である．まず，

$$I = \int_{-\infty}^{+\infty} e^{-ax^2} \, \mathrm{d}x \tag{A.6}$$

とおく．これは，変数をどう書こうが同じであるから，

$$I = \int_{-\infty}^{+\infty} e^{-ay^2} \, \mathrm{d}y \tag{A.7}$$

と書いても同じである．すると，

$$I^2 = \int_{-\infty}^{+\infty} e^{-ax^2} \, \mathrm{d}x \int_{-\infty}^{+\infty} e^{-ay^2} \, \mathrm{d}y \tag{A.8}$$

ここで，$\int_{-\infty}^{+\infty} e^{-ax^2} \, \mathrm{d}x$ は定積分で，y から見れば定数であるから，y の積分記号の中に入れてしまえる．そして e^{-ay^2} も x から見ると定数であるので，

$$I^2 = \int_{-\infty}^{+\infty} e^{-ax^2} \, \mathrm{d}x \int_{-\infty}^{+\infty} e^{-ay^2} \, \mathrm{d}y = \int_{-\infty}^{+\infty} \left(\int_{-\infty}^{+\infty} e^{-ax^2} \, \mathrm{d}x \right) e^{-ay^2} \, \mathrm{d}y = \int_{-\infty}^{+\infty} \left(\int_{-\infty}^{+\infty} e^{-ax^2} e^{-ay^2} \, \mathrm{d}x \right) \mathrm{d}y$$

$$= \int_{-\infty}^{+\infty} \int_{-\infty}^{+\infty} e^{-ax^2} e^{-ay^2} \, \mathrm{d}x \, \mathrm{d}y = \int_{-\infty}^{+\infty} \int_{-\infty}^{+\infty} e^{-a(x^2+y^2)} \, \mathrm{d}x \, \mathrm{d}y \tag{A.9}$$

と変形できる．一般に，

$$\int_a^b f(x) \, \mathrm{d}x \int_c^d g(y) \, \mathrm{d}y = \int_a^b \int_c^d f(x) g(y) \, \mathrm{d}x \, \mathrm{d}y \tag{A.10}$$

という変形は x と y が独立で積分領域がお互いに依存しないときに可能である．(A.9) は x–y 平面の全領域にわたる面積分であるが，これを r と θ であらわす極座標表示に変数変換して積分しよう．

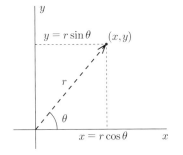

左の図でわかるように，

$$x = r \cos \theta$$
$$y = r \sin \theta \tag{A.11}$$

であり，r や θ が微小量変化したときの，x，y の微小変化は，

$$\mathrm{d}x = \cos \theta \, \mathrm{d}r - r \sin \theta \, \mathrm{d}\theta$$
$$\mathrm{d}y = \sin \theta \, \mathrm{d}r + r \cos \theta \, \mathrm{d}\theta \tag{A.12}$$

で与えられる．ここで (A.10) の面積分にあらわれる $\mathrm{d}x \, \mathrm{d}y$ を，$\mathrm{d}x \, \mathrm{d}y = (\cos \theta \, \mathrm{d}r - r \sin \theta \, \mathrm{d}\theta)(\sin \theta \, \mathrm{d}r + r \cos \theta \, \mathrm{d}\theta)$ とおいてはいけない．(A.10) の中の $\mathrm{d}x \, \mathrm{d}y$ は面積要素であり，変数変換したときの対応関係は，

$$\mathrm{d}x \, \mathrm{d}y \to r \, \mathrm{d}r \, \mathrm{d}\theta \tag{A.13}$$

とするのが正解である．これを説明する前に，(A.12) を (A.14) のように行列の形に変形しておこう．

$$\begin{pmatrix} \mathrm{d}x \\ \mathrm{d}y \end{pmatrix} = \begin{pmatrix} \cos \theta & -r \sin \theta \\ \sin \theta & r \cos \theta \end{pmatrix} \begin{pmatrix} \mathrm{d}r \\ \mathrm{d}\theta \end{pmatrix} \tag{A.14}$$

そして，2×2 の行列 A によって，面積 1 の正方形の領域が変形されるときの面積変化が $|\det \mathrm{A}|$（A の行列式の絶対値）で与えられることを思い出すと (p.21 の図参照)，(A.13) の関係が納得されるであろう．厳密な説明は別の講義に任せる．実際 (A.14) の行列の行列式は，ただの r である．

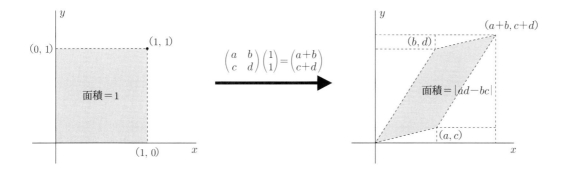

以上を考慮して変数変換を行うと (A.9) は,

$$I^2 = \int_{-\infty}^{+\infty} \int_{-\infty}^{+\infty} e^{-a(x^2+y^2)} \, \mathrm{d}x \, \mathrm{d}y = \int_0^{+\infty} \int_0^{2\pi} e^{-ar^2} r \, \mathrm{d}r \, \mathrm{d}\theta = 2\pi \int_0^{+\infty} e^{-ar^2} r \, \mathrm{d}r \tag{A.15}$$

(A.15) の被積分関数は θ を含んでいないから，θ に関する積分は単純に全体に 2π をかけるということだけでよい．しかし，$e^{-ar^2}r$ と言う関数は一見，最初の出発点 (A.6) と同じくらい厄介に見える．ところが，ここでまた賢い変数変換をすることで問題を切り抜けられるのだ．それには $t = r^2$ とおく．この場合，変数は 1 つであるので行列式を持ち出したりせずに，$\mathrm{d}t = 2r \, \mathrm{d}r$ という置き換えで計算できる．ここでのうまみは，(A.15) に現れた，r を $\mathrm{d}t$ の中に入れてしまえるということである．そうすると計算は単なる指数関数の積分になって，いとも簡単に (A.16) に到達する．

$$I^2 = 2\pi \int_0^{+\infty} e^{-ar^2} r \, \mathrm{d}r = 2\pi \int_0^{+\infty} \frac{1}{2} e^{-at} \, \mathrm{d}t = \pi \left[-\frac{1}{a} e^{-at} \right]_0^{\infty} = \frac{\pi}{a} \tag{A.16}$$

よって，

$$I = \int_{-\infty}^{+\infty} e^{-ax^2} \, \mathrm{d}x = \sqrt{\frac{\pi}{a}} \tag{A.17}$$

ここで，少し足を延ばして $\int_{-\infty}^{+\infty} x^n e^{-ax^2} \, \mathrm{d}x$ の計算をしてみよう．これも良く出てくる積分でガウス積分と呼ばれる．n が奇数の場合は，被積分関数が奇関数であるので $\pm\infty$ での定積分は 0 である．

$$\int_{-\infty}^{+\infty} x^{2n+1} e^{-ax^2} \, \mathrm{d}x = 0 \tag{A.18}$$

n が偶数の場合は，上で求めた $n = 0$ での結果を a で微分して，微分と積分の順序を変えることにより，

$$\frac{\mathrm{d}}{\mathrm{d}a} \int_{-\infty}^{+\infty} e^{-ax^2} \, \mathrm{d}x = \int_{-\infty}^{+\infty} (-x^2) e^{-ax^2} \, \mathrm{d}x = \frac{\mathrm{d}}{\mathrm{d}a} \sqrt{\frac{\pi}{a}} = -\frac{1}{2} \sqrt{\pi} a^{-\frac{3}{2}} \tag{A.19}$$

つまり，

$$\int_{-\infty}^{+\infty} x^2 e^{-ax^2} \, \mathrm{d}x = \sqrt{\frac{\pi}{2}} a^{-\frac{3}{2}} \tag{A.20}$$

以下，一般の偶数については同じことを繰り返せば答が見えてくるであろう．この計算は正規分布の分散の期待値の計算そのものである．

測定値の平均 2 乗誤差や不偏分散の分母に $n-1$ がくる理由

測定値の分散や標準偏差の定義 (4.12) 式，(4.13) 式は，真値 X_0 がわかっているという理想的な，ある意味ありえない場合の定義である．それに対して，測定値 x_i $(i = 1, 2, 3, \cdots, n)$ の算術平均値 (標本平均値)

X を真値 X_0 の代わりにして定義する標本標準偏差 (4.15) 式では，(4.13) 式の n が $n-1$ になる．その理由を簡潔に述べる．

まず，(4.12) 式で与えられる測定値の理想的な分散は，誤差 ε_i が $\varepsilon_i = x_i - X_0$ で定義されることを用いて，

$$\sigma_n{}^2 = \frac{\sum \varepsilon_i{}^2}{n} = \frac{\sum (x_i - X_0)^2}{n} \tag{4.12}$$

と表される．ところが，われわれにわかるのは真値 X_0 ではなくて算術平均値 X であるので，X を用いることによって (4.12) 式は次のように変形される．

$$\sigma_n{}^2 = \frac{\sum \varepsilon_i{}^2}{n} = \frac{\sum ((x_i - X) + (X - X_0))^2}{n} \tag{B.1}$$

(B.1) 式の分子は，

$$\sum_{i=1}^{n} ((x_i - X) + (X - X_0))^2 = \sum_{i=1}^{n} (x_i - X)^2 + \sum_{i=1}^{n} 2(x_i - X)(X - X_0) + \sum_{i=1}^{n} (X - X_0)^2$$

であるが，右辺第 2 項は，$X - X_0$ が定数であるので括り出せば $\sum$ の部分が 0 になることが容易にわかり，

$$n\sigma_n{}^2 = \sum_{i=1}^{n} (x_i - X)^2 + n(X - X_0)^2 \tag{B.2}$$

になる．

ところで，(B.2) 式の右辺第 2 項にある $(X - X_0)^2$ は下のように変形できる．

$$(X - X_0)^2 = \left(\frac{\sum_{i=1}^{n} x_i}{n} - \frac{n}{n} X_0 \right)^2 = \frac{1}{n^2} \left(\sum_{i=1}^{n} x_i - n X_0 \right)^2 = \frac{1}{n^2} \left(\sum_{i=1}^{n} (x_i - X_0) \right)^2$$

$$= \frac{1}{n^2} \left(\sum_{i=1}^{n} (x_i - X_0) \right) \left(\sum_{j=1}^{n} (x_j - X_0) \right) = \frac{1}{n^2} \sum_{i=1}^{n} \varepsilon_i \sum_{j=1}^{n} \varepsilon_j = \frac{1}{n^2} \sum_{i=1}^{n} \left\{ \varepsilon_i \left(\sum_{j=1}^{n} \varepsilon_j \right) \right\}$$

$$= \frac{1}{n^2} \left(\sum_i \varepsilon_i{}^2 + \sum_{i \neq j} \sum \varepsilon_i \varepsilon_j \right) \tag{B.3}$$

誤差 ε_i と ε_j の間には相関はなく，n が十分大きい極限で $\sum_{i \neq j} \sum \varepsilon_i \varepsilon_j = 0$ とみなせるから，結局，

$$(X - X_0)^2 = \frac{1}{n^2} \left(\sum_{i=1}^{n} \varepsilon_i{}^2 \right) = \frac{1}{n} \left(\frac{\sum_{i=1}^{n} \varepsilon_i{}^2}{n} \right) = \frac{1}{n} \sigma_n{}^2 \tag{B.4}$$

となる．よって，(B.4) 式を (B.2) 式に代入することにより，

$$n\sigma_n{}^2 = \sum_{i=1}^{n} (x_i - X)^2 + n(X - X_0)^2 = \sum_{i=1}^{n} (x_i - X)^2 + \sigma_n{}^2 \tag{B.5}$$

が得られる．(B.5) 式の右辺の $\sigma_n{}^2$ を左辺に移項することにより，$\sigma_n{}^2$ は，

$$\sigma_n{}^2 = \frac{\sum_{i=1}^{n} (x_i - X)^2}{(n-1)} \tag{B.6}$$

と求まる．ここで，(B.6) 式の $\sigma_n{}^2$ は，n が十分に大きく (B.3) 式の $\sum_{i \neq j} \sum \varepsilon_i \varepsilon_j$ が 0 とみなせる場合に (4.12) 式の $\sigma_n{}^2$ と同一と見なせるので，特に後者を σ^{*2} と書いて区別することにする．さらに $x_i - X = v_i$（残差）とおいて，

$$\sigma^{*2} = \frac{\sum v_i{}^2}{(n-1)} \qquad \text{標本分散・不偏分散} \tag{B.7}$$

$$\sigma^* = \sqrt{\frac{\sum v_i{}^2}{(n-1)}} \qquad \begin{array}{l} \text{標本標準偏差・実験標準偏差} \\ \text{(測定値の平均2乗誤差)} \end{array} \tag{4.15}$$

を得る．こうすると標本標準偏差はたった1つの測定値のときには，意味のない値 $0/0$ (つまり定義できない) になり，また2つ以上の測定値のときにはいつでも計算可能である．無限回測定の極限では，

$$\lim_{n \to \infty} \sigma^* = \lim_{n \to \infty} \sigma_n = \sigma \tag{B.8}$$

になる．この σ^* は，測定回数が多くなれば σ_n とほとんど等しくなるけれども，少数回の測定値についてももっともらしい推定になっている．そこで，無限回測定の極限で得られる測定値の標準偏差 σ についての最良推定値として，この σ^* を採用することにするのである．

ヤング率の誤差の見積もり

ヤング率は下式で与えられる．

$$E = \frac{mgl^3 x}{2a^3 bzy} \tag{C.1}$$

この誤差を見積もるにあたって，いささかトリッキーであるが両辺の対数をとってみよう．

すると，

$$\log E = \log m + \log g + 3\log l + \log x - \log 2 - 3\log a - \log b - \log z - \log y \tag{C.2}$$

m が Δm, g が Δg, l が Δl … の誤差を持つとき (定数2や3は誤差を持たない)，E が ΔE の誤差を持つとすれば，

$$\log(E + \Delta E) = \log(m + \Delta m) + \log(g + \Delta g) + 3\log(l + \Delta l) + \log(x + \Delta x)$$
$$- \log 2 - 3\log(a - \Delta a) - \log(b - \Delta b) - \log(z - \Delta z) - \log(y - \Delta y) \tag{C.3}$$

ここで，分母にきている a, b, z, y については，E に対する誤差が大きくなるように，マイナス記号を付けた．

(C.2) と (C.3) の差をとると，

$$\log(E + \Delta E) - \log E = \log\left(\frac{E + \Delta E}{E}\right) = \log\left(\frac{m + \Delta m}{m}\right) + \log\left(\frac{g + \Delta g}{g}\right) + 3\log\left(\frac{l + \Delta l}{l}\right)$$
$$+ \log\left(\frac{x + \Delta x}{x}\right) - 3\log\left(\frac{a - \Delta a}{a}\right) - \log\left(\frac{b - \Delta b}{b}\right)$$
$$- \log\left(\frac{z - \Delta z}{z}\right) - \log\left(\frac{y - \Delta y}{y}\right) \tag{C.4}$$

ここで，

$$\log\left(\frac{E + \Delta E}{E}\right) = \log\left(1 + \frac{\Delta E}{E}\right) \approx \frac{\Delta E}{E},$$
$$\log\left(\frac{m + \Delta m}{m}\right) = \log\left(1 + \frac{\Delta m}{m}\right) \approx \frac{\Delta m}{m},$$
$$3\log\left(\frac{l + \Delta l}{l}\right) = 3\log\left(1 + \frac{\Delta l}{l}\right) \approx 3\frac{\Delta l}{l},$$

等の近似を使うと，結局 (C.4) は次ページの (C.5) のようになり，本文中の (4.18) と一致する．

$$\left| \frac{\Delta E}{E} \right| \approx \left| \frac{\Delta m}{m} \right| + \left| \frac{\Delta g}{g} \right| + 3\left| \frac{\Delta l}{l} \right| + \left| \frac{\Delta x}{x} \right| + 3\left| \frac{\Delta a}{a} \right| + \left| \frac{\Delta b}{b} \right| + \left| \frac{\Delta z}{z} \right| + \left| \frac{\Delta y}{y} \right| \tag{C.5}$$

全般にわたる参考書

N. C. Barford 著，酒井英行 訳『実験精度と誤差』(丸善，1997 年)

G. L. Squires 著，重川秀実，山下理恵，吉村雅満，風間重雄 訳『いかにして実験をおこなうか』(丸善，2006 年)

5 グラフの書き方

　測定しながら同時にその結果をグラフに書いていくと，各測定値の間の関係が一目でよく理解できるし，また mistake を見つける助けにもなるから，測定と平行してグラフを書くことが望ましい.

　以下にグラフの書き方の要点を述べる.

1) 　まず必ず**座標軸**を書く (方眼と余白の境界でなく，方眼の内側に書く).

2) 　**目盛**のとり方. できるだけ用紙を大きくを使うように，そして方眼紙の1，2，4，や5を選ぶ.

3) 　**目盛の記入**. 座標軸の内側に 2 mm の長さで.

4) 　座標軸の**物理量**を**軸の中央**の位置に記入. 物理量の**単位**はすぐ後に括弧 (カッコ) に入れて書く.

5) 　**点の記入**. グラフ上に○，●，△，▲，□，■ (大きさ 2〜3 mm) などの記号で記入する.

6) 　**線の引き方**. 記入した点の並んだ様子から，**直線**または，なめらかな**曲線**を引く. 各点を平均するようにとる. 折れ線は特別なとき以外は書かない.

　次に具体例を示す.

　たわみによるヤング率の測定で，荷重に対する中点の降下量を「光てこ」でスケールの目盛を読んだ結果 (試料：鉄).

表 5.1

荷重 [kg 重]	スケールの読みの平均 [mm]
0.000	213.2
0.200	219.5
0.400	225.7
0.600	236.2
0.800	245.3
1.000	251.2

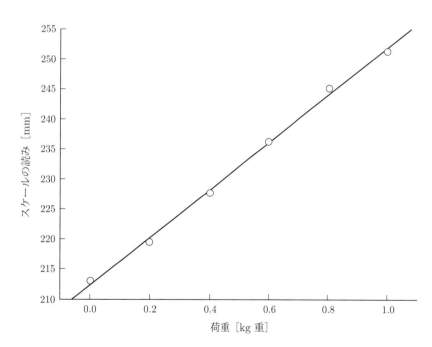

図 5.1　荷重とスケールの読みの関係

　グラフ用紙には，縦軸が対数目盛の片対数方眼紙 (semi-log (section) paper)，両方とも対数目盛の両対数方眼紙 (log-log (section) paper) などがある (図 5.2 参照).

　たとえば

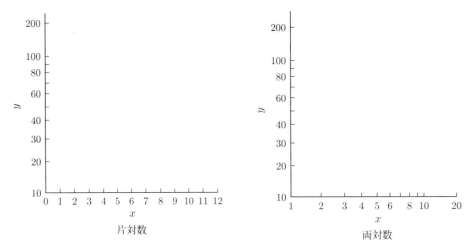

ただし，x，y座標軸にうってある数字は，必ずしもこのとおりではないことに注意せよ.
また，縦軸の原点は決して0にはならないことにも注意しよう.

図 5.2

$$y = a\,\mathrm{e}^{x}$$

の形の関係式を図示するには，semi-log 方眼紙がよい．y を縦軸にとれば y と x は直線関係で示される．なぜならば，両辺の対数をとれば，

$$\log_{\mathrm{e}} y = \log_{\mathrm{e}} a + x$$

となり，$\log_{\mathrm{e}} a$ は定数であるから，1 次式となり直線を示す.

　目盛る際 y の対数をいちいち求めなくとも y の値をそのまま縦軸の対数目盛に従ってとっていけばよいからたいへん便利である.

　また，

$$y = a x^{n}$$

の形の関係式を図示する場合には log-log 方眼紙を用いれば n の値によって傾斜が異なる直線となる．すなわち

$$\log_{\mathrm{e}} y = \log_{\mathrm{e}} a + n \log_{\mathrm{e}} x \quad (\log_{\mathrm{e}} a は定数)$$

なお，常用対数と自然対数との関係は次のようである.

$$\log_{10} N = \log_{10} \mathrm{e} \cdot \log_{\mathrm{e}} N \quad (\log_{10} \mathrm{e} = 0.4342\cdots)$$

　常用対数の $\log_{10}$ を lg と書くこともある．たとえば $\log_{10} N$ を $\lg N$ のように.
　自然対数の $\log_{\mathrm{e}}$ を ln と書くこともある．たとえば $\log_{\mathrm{e}} N$ を $\ln N$ のように.

6 実 験 式

グラフが図 6.1 のように直線になったときは，x と y の関係式は a を勾配として

$$y = ax + b$$

の 1 次式で表せる．ゆえに a と b がわかれば数式化もできる．

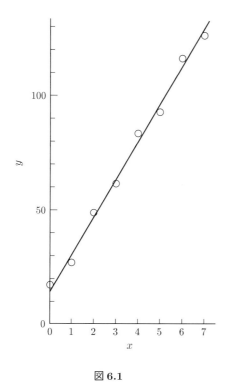

図 6.1

表 6.1

i	x_i	y_i
1	0	16
2	1	28
3	2	49
4	3	61
5	4	81
6	5	92
7	6	116
8	7	128

これを定めるのに次の 3 通りの方法がある．

i) 直線の両端付近の点 A, B をとり，その座標を式に代入して 2 つの式をつくり，その 2 式から a, b を定める．

たとえば図 6.1 で A (1, 30)，B (7, 130) とすれば，$30 = a + b$，$130 = 7a + b$ の 2 式が得られるから $a = 16.7$，$b = 13.3$ が求まる．実験式は，$y = 16.7x + 13.3$ となる．(精密さはともかくとして，簡単に定数が求まるのでよく用いられる．)

ii) 測定値の平均値から a, b を定める．

いまもし，測定値の平均値を通る直線が引かれたとすると，その直線から各測定値までの垂直距離の和は 0 になるはずである．すなわち，測定値の個数を n とすると，

$$\sum(y_i - ax_i - b) = 0 \qquad \therefore \qquad \sum y_i = a\sum x_i + nb$$

そこで測定群を 2 つの群に分け，各群で上式をつくり，その 2 つの式に測定値をそれぞれ入れて連立させれば a, b が得られる．ここの例では，$154 = 6a + 4b$，$417 = 22a + 4b$ となるから $a = 16.4$，

$b = 13.8$. したがって，$y = 16.4x + 13.8$ を得る.

iii) 最小 2 乗法によって a, b を定める.

測定値の座標を $(x_1, y_1), (x_2, y_2), \cdots, (x_n, y_n)$ とすると，最も確からしい直線 $y = ax + b$ とはこれら n 個のすべての点になるべく近いような直線である．それには，この直線は測定値 y_i と y との差 v_i（残差）の 2 乗の和が最小になるような a, b をもたなければならない.

$$\sum v_i{}^2 = \sum [y_i - (ax_i + b)]^2$$

$\sum v_i{}^2$ を最小ならしめるような a, b は，この式から次の 2 式を解けばよいことがわかる.

$$\sum x_i y_i = a \sum x_i{}^2 + b \sum x_i \tag{6.1}$$

$$\sum y_i = a \sum x_i + nb \tag{6.2}$$

よって，測定値を使って，2 式から a, b が定まる．ここの例では $\sum y_i x_i = 2685 = 140a + 28b$, $\sum y_i = 571 = 28a + 8b$. これより $a = 16.3$, $b = 14.2$ となって，$y = 16.3x + 14.2b$ を得る.

片対数グラフで直線になった場合は，図から勾配を求めようとするとき，縦軸と横軸の長さをものさしではかって，その比で勾配とすることはだめである．いくつかの方法があるが，簡単な方法は，直線上の適当な 2 点 (x_i, y_i) および (x_j, y_j) をとって

$$\frac{\log_{10} y_i - \log_{10} y_j}{x_i - x_j}$$

として求める.

注意 1： 適当な 2 点をとるときといっても，測定値そのものを使ってはいけない．なぜか．必ず引いた直線上から 2 点をとること.

注意 2： 対数グラフのときは，対数目盛が読みやすい点，すなわち，直線が読みやすい対数目盛線と交わる点を選ぶこと．そうすればそれらの 2 つの交点の横座標は目測がしやすい．逆にもし横座標の方から先にとってたとえば 1 とか 5 にあたる点をとると，その縦座標は対数目盛のため，読みの判断がむずかしい.

7 副尺の読み方

a. 最も基本的な副尺

長さ，または角度を測定するとき，最後の 1 目盛間の量を目測にたよらずに，補助のものさしを使って精密に読み取ることができる．この補助のものさしの方を副尺 (vernier) といい，最初のものさしを主尺と呼ぶ．主尺の 1 目盛間の量を $\frac{1}{n}$ まで読みたければ，主尺の $(n-1)$ 目盛分の量を n 等分した量を 1 目盛の量とする副尺を使えばよい．主尺の 1 目盛が ε ならば副尺の 1 目盛は $\frac{1}{n}\varepsilon(n-1)$ となるから，主尺と副尺の 1 目盛どうしの差は $\varepsilon - \frac{\varepsilon(n-1)}{n} = \frac{\varepsilon}{n}$ となる．

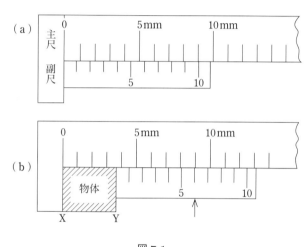

図 **7.1**

図 7.1 (b) は物体を測定しているところを示す．

副尺は主尺の 9 目盛 (9 mm) を 10 等分したものであるから，副尺の第 6 目盛が主尺のある目盛と一致していれば (矢印) の物体の長さ XY は，

$$XY = 3\,\mathrm{mm} + \left(\frac{1}{10}\,\mathrm{mm} \times 6\right) = 3.6\,\mathrm{mm}$$

b. $\frac{1}{20}$ 読みバーニアキャリパー (ノギス)

主尺の 19 目盛を 20 等分した副尺がついている．主尺の 1 目盛が 1 mm であるから副尺の 1 目盛は $\frac{19}{20}$ mm であり，主尺の 1 目盛より $\left(1 - \frac{19}{20}\right)$ mm $= \frac{1}{20}$ mm だけ短い．主尺の目盛と合致している副尺の目盛を読み (図 7.2 では 13) $\frac{1}{20}$ mm をその数値倍し，主尺の読み (図では 3) に加えればよい．すなわち，

$$3 + \frac{1}{20} \times 13 = 3.65\,[\mathrm{mm}]$$

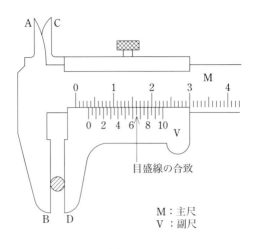

図 **7.2**

となる．(副尺の読みの $\frac{1}{10}$ 倍に mm をつけ，主尺の読みに加えればただちに値が得られる．) すなわち，副尺の読み 6.5 の $\frac{1}{10}$ 倍に mm をつけると 0.65 mm となり，これを主尺の読み 3 mm に加えると 3.65 mm が得られる．

　ノギスは課題 2，6 で使用する．

c.　マイクロメーター

　普通用いられているのは測定可能寸法が 25 mm のものである．図 7.3 (a) で D を回転させると，スピンドル C が前後いずれかに移動するようになっている．つまり長さの変化をねじの回転角とその回転体の径によって拡大し，その拡大された長さに目盛をつけ，微小の長さの変化を読み取るのである．ねじピッチが 0.5 mm，D の円周目盛 (図の G) が 50 等分されているので，いまもし 1 目盛だけ D をまわしたとすると C は，$0.5\,\mathrm{mm} \times \frac{1}{50} = 0.01\,\mathrm{mm}$ だけ前後する．つまり 0.01 mm の測定ができる．

　G の 1 目盛間を目測で読めば，$0.01\,\mathrm{mm} \times \frac{1}{10} = 0.001\,\mathrm{mm}$ まで読むことができる．

　B の部分には上に 1 mm 刻みの目盛が，下には 0.5 mm ずれて，同じく 1 mm 刻みの目盛が刻まれている．A に物体をおき，D を回転させ C を物体に軽く触れさせたのち，E をまわす．それから読むのであるが，図 7.3 (b) の場合は，まず主尺 B で 5.5 mm と読み，次に副尺 G で 0.28 mm (0.01 mm × 28 目盛) と読み，さらに目測で 0.006 mm と読んだとすれば，答は (5.5 mm + 0.28 mm + 0.006 mm) = 5.786 mm として得られる．

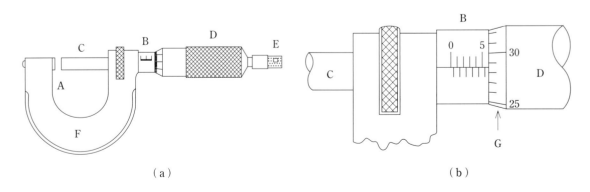

（a）　　　　　　　　　　　　　　　　　（b）

図 **7.3**

マイクロメーターも課題2で使用する.

d. 分光計の目盛

　分光計にも副尺がついている. これは望遠鏡の軸に対して直角な2方向にそれぞれついていて (図7.4 (a) の A, B), 望遠鏡の動きに連動して, 度盛円板の周囲を回転する. 度盛円板 (主尺) は 30′ 刻みになっている. 副尺には, 主尺の29目盛 ($30′ \times 29 = 870′$) を30等分した目盛が刻まれているから, 副尺の1目盛は 29′ で, 主尺の1目盛より 1′ だけ小さい.

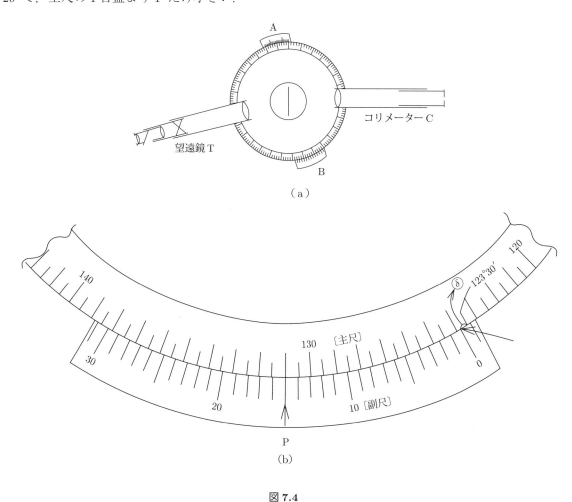

（a）

図 7.4

1) 構造上, 副尺の1目盛は主尺の29目盛ぶん ($30′ \times 29 = 8.0′$) を30等分したものであるから, 主尺の1目盛が 30′ であるのに対して, 副尺の1目盛は 29′ である.
   今, 図のような位置の場合, 副尺の0が指している値はいくらと読むか.

2) 0 が指しているところは $123°30′ + \delta$ である. そこでまず $123°30′$ を読み取っておき

3) 次に副尺と主尺の目盛線が一致しているところをさがす. 図では副尺の15の目盛線が主尺のある目盛線と一致している (P). よって, (1) の原理から δ の値は 15′ であることがわかる.
   (証明)　次のように考えればよい.
   点 P のところで主尺と副尺は一致している. その P から右の方をみる. P から数えて, 主尺の右15目盛までの量から同じく, 副尺の右15目盛までの量を差し引いた量が δ である. よって
   $$(30′ \times 15) - (29′ \times 15) = 15′ = \delta$$

4) よって，0の指している値は

$$123°30' + 15' = 123°45'$$

である．

である．

II 実験編

課題 **1** 単 振 り 子

(1) 目　的

　振り子をはじめは空気中で，次に水中で振らせ，それぞれの場合の時間の経過に対して，ふれ角がどのように変わっていくのか (ふれ角の時間的変化) を調べ，**振動のありさま**と**力学的エネルギー**について調べてみる．また水中で振らせた減衰振動から対数減衰率を求めてみる．なお，ここではふれ角の時間的変化は回転角センサーをコンピュータと組み合わせて検出している．

(2) 測 定 原 理

　図 1.1 は装置の概略図である．回転角センサー (後述) によって，ふれ角 θ は電圧値となって出力される．$\theta = 0$ のとき，すなわち振り子がふれていないとき，センサーは V_0 ボルトの出力電圧を示すようになっている．

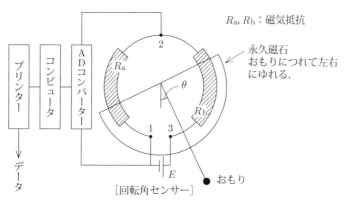

図 1.1

　ふれ角 θ と出力電圧 V との間には次のような関係式がある．

$$V = \beta\theta + V_0 \tag{1.1}$$

β は比例定数で，

$$\beta = 5.73 \left[\frac{\mathrm{V}}{\mathrm{rad}} \right] \tag{1.2}$$

である．また V_0 は振り子が静止しているときの出力電圧で，これはセンサーの取り付け方によって決まる．ここでは平均電圧と呼んでいる．

　センサーの出力電圧 (アナログ) を AD コンバーターでデジタル化し，コンピュータに取り込む．コンピュータはこれを 0.015 秒刻みで記録すると同時に，電圧値を角度に変え，さらに角速度 $\dfrac{\mathrm{d}\theta}{\mathrm{d}t}$ を計算し，これらをプリンターに送る．われわれはこれを出力させデータを得る．時刻 t における角速度 $\dfrac{\mathrm{d}\theta}{\mathrm{d}t}$ は，次

のような計算結果である.

$$\frac{\mathrm{d}\theta}{\mathrm{d}t} \rightarrow \frac{\theta(t + \Delta t) - \theta(t - \Delta t)}{2\Delta t} \tag{1.3}$$

$\theta(t + \Delta t)$ は,時刻 t より Δt 秒 (0.015 秒) 後におけるふれ角であり,$\theta(t - \Delta t)$ は時刻 t より Δt 秒 (0.015 秒) 前における振り子のふれ角である.

したがって,$2\Delta t$ 秒間にそれらの差だけふれ角が変化したことになる.印刷は記録データを 2 個ジャンプしてある.

図 1.2 のいちばん左の時間という列は,0.045 秒間隔の時刻を示す.その次の列はその時刻における振り子の位置を電圧値で表示したものである.これを (1.1) 式によって角度 (degree) に直した値が 3 列目に,さらに radian 単位に換算した値が 4 列目に表示される.いずれも鉛直方向を基準としたときのふれ角,プラス,マイナスは,そのふれ角の方向を意味する.

単振り子データ

測定者:　　　　　　　　　振動の種類:　　　　　　　　　　　　　2002/10/8

t1 =	t2 =	t3 =	t4 =	t5 =
.31587(S)	.98890(S)	1.68963(S)	2.36186(S)	3.06230(S)

t6 =	t7 =	t8 =
3.73513(S)	4.43611(S)	5.10815(S)

振子の長さ＝　　　　　(cm)

平均電圧＝ 2.976053(V)　　　　　質量　＝　　　　(g)

時間(mS)	電圧(V)	角度(degree)	角度 θ (radian)	$d\theta/dt$(radian/s)
0	3.595327	6.192287845	0.108075811	*********
45	3.578516	6.024190229	0.105141954	-0.134438626
90	3.532192	5.560984354	0.097057487	-0.213065734
135	3.457593	4.815049307	0.084038464	-0.340343219
180	3.360205	3.841241048	0.067042304	-0.424927279
225	3.245065	2.689925866	0.046948063	-0.466381613
270	3.119299	1.432358511	0.024999372	-0.52036067
315	2.978676	0.026232101	0.000457837	-0.540203601
360	2.843005	-1.330377957	-0.023219476	-0.511960437
405	2.714144	-2.618893032	-0.045708306	-0.489109943
450	2.596012	-3.80012601	-0.066324711	-0.432693422
495	2.49738	-4.786373353	-0.083537974	-0.332542172
540	2.422581	-5.534308252	-0.096591901	-0.236433971
595	2.372955	-6.030531695	-0.105252634	-0.140442116
	2.351908	-6.240986191	-0.108925757	-0.026445608
3.348297	-6.277093531	-0.109555949		
	-6.234856643	-0.1098		

2.68427E − 03 のような表示は 2.68427 × 10^{-3} の意味である.

図 1.2

5 列目は,その時刻におけるおもりの角速度であって,(1.3) 式のように計算した結果が表示されている.

なお,(1.1) 式の V_0 は,まだ振り子を振らさないときのセンサーの出力電圧値で,平均電圧と呼んでいる.これは,センサーの取り付け方によってその値が変化するものであるから,どのように取り付けるか,机上の説明書に指示してある.

問題 1　4 列目のふれ角 (radian 表示) のどれか 1 つをとって,(1.1) 式を検討せよ.また radian を degree に直して,3 列目の数値と比較せよ.いずれも計算過程を示せ.

(3) 原　　理

a.　振り子の自由振動

a)　自由振動のありさま

　長さ l の振り子が鉛直線に対し θ の傾きをなすときの，おもりの速さを v とする．糸の張力 τ を考えると，おもりの運動にかかわる力は軌道の接線方向の重力成分 f のみとなるから (図 1.3) おもりの加速度を a とすれば，

$$f = ma = m\frac{\mathrm{d}v}{\mathrm{d}t} = -mg\sin\theta \tag{1.4}$$

m はおもりの質量である．

$$v = l\frac{\mathrm{d}\theta}{\mathrm{d}t}$$

であるから上式は

$$ml\frac{\mathrm{d}^2\theta}{\mathrm{d}t^2} = -mg\sin\theta$$

ここではふれ角の最大値を $\pm 6°$ ぐらいにするので (そのくらいのところからおもりを放す) $\sin\theta \fallingdotseq \theta$ として

$$ml\frac{\mathrm{d}^2\theta}{\mathrm{d}t^2} = -mg\theta \tag{1.5}$$

整理すると，

$$m\frac{\mathrm{d}^2\theta}{\mathrm{d}t^2} = -\frac{mg}{l}\theta \tag{1.6}$$

　おもりは，支点から一定の距離 $(= l)$ のところを円弧状に運動するから，1 次元の運動で，(1.6) 式からおもりに働く力の向きは常にふれ角を減少させる方向を向き，その大きさはふれ角に比例していることがわかる．

　このような運動は**角単振動**といわれ，**単振動と同様な運動**で，ただ軌道が円弧か直線か違うだけである．ふれ角 θ の単位は radian であることに注意．

　$t = 0$ のとき，$\theta = \theta_\mathrm{m}$ として，(1.6) 式の微分方程式を解くと (解いてみよ)

$$\theta = \theta_\mathrm{m}\cos\sqrt{\frac{g}{l}}\,t \tag{1.7}$$

が得られるから，振り子は角単振動を行い，その周期 T は，

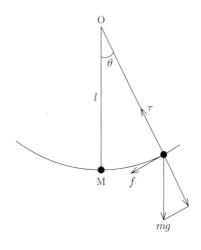

図 1.3

$$T = 2\pi\sqrt{\frac{l}{g}} \tag{1.8}$$

であることがわかる.

b) 自由振動のエネルギー

運動している振り子のエネルギーについて考えよう.

(1.6) 式の両辺に $\dfrac{\mathrm{d}\theta}{\mathrm{d}t}$ をかけてから,ある時間 (t_0 から t まで) 積分すると,

$$\frac{1}{2}m\left[\left(\frac{\mathrm{d}\theta}{\mathrm{d}t}\right)^2\right]_{t_0}^{t} = -\frac{mg}{l}\left[\frac{\theta^2}{2}\right]_{t_0}^{t} \tag{1.9}$$

となるから

$$\frac{1}{2}m\left(\frac{\mathrm{d}\theta}{\mathrm{d}t}\right)_t^2 - \frac{1}{2}m\left(\frac{\mathrm{d}\theta}{\mathrm{d}t}\right)_{t_0}^2 = -\frac{1}{2}\frac{mg}{l}(\theta^2)_t + \frac{1}{2}\frac{mg}{l}(\theta^2)_{t_0}$$

(時刻 t および t_0 のときの値を示すため,その値をカッコでくくって,右下に小さく t または t_0 と添字する.) さらに l^2 をかけて整理すると,

$$\left[\frac{1}{2}m\left(l\frac{\mathrm{d}\theta}{\mathrm{d}t}\right)^2\right]_t + \left[\frac{1}{2}mgl\theta^2\right]_t = \left[\frac{1}{2}m\left(l\frac{\mathrm{d}\theta}{\mathrm{d}t}\right)^2\right]_{t_0} + \left[\frac{1}{2}mgl\theta^2\right]_{t_0} \tag{1.10}$$

$\dfrac{1}{2}m\left(l\dfrac{\mathrm{d}\theta}{\mathrm{d}t}\right)^2$ は運動エネルギー (K・E) であり,$\dfrac{1}{2}mgl\theta^2$ は位置エネルギー (P・E) である.(K・E) と (P・E) の和を力学的エネルギーという.

$$\frac{1}{2}m\left(l\frac{\mathrm{d}\theta}{\mathrm{d}t}\right)^2 + \frac{1}{2}mgl\theta^2 = E \tag{1.10'}$$

(1.10) 式の右辺は時刻 t_0 のときの振り子の力学的エネルギーであるが,これは初期条件で一定値をとる.振り子は時刻につれて,いろいろなふれ角や,角速度をもち,その K・E や P・E も刻々と変わるが,その和は常に一定であることを (1.10') 式は示している.

問題 2 $\dfrac{1}{2}m\left(l\dfrac{\mathrm{d}\theta}{\mathrm{d}t}\right)^2$ が K・E を,$\dfrac{1}{2}mgl\theta^2$ が P・E を表すことを証明せよ.

b. 振り子の減衰振動

a) 減衰振動のありさま

これまでは,支点における摩擦や,ぶつかる空気などは無視してきたが,実際はわずかではあるが,これらの抵抗力が働くので,振り子はエネルギーを少しずつ失いながら振動し振幅が次第に減少していき,やがて静止する.

おもりの速さがそう大きくない場合,抵抗力 F_d は近似的に速さ v に比例する.$F_\mathrm{d} = -hv$ (h は比例定数)

その例としていま,おもりを水中で振動させてみよう.ただし,支点の摩擦は無視して,水の抵抗のみを抵抗力として考える.

おもりの運動に抵抗力 F_d が加わるので,運動方程式は,

$$m\frac{\mathrm{d}v}{\mathrm{d}t} = -mg\theta - hv \tag{1.11}$$

となり

$$ml\frac{\mathrm{d}^2\theta}{\mathrm{d}t^2} + hl\frac{\mathrm{d}\theta}{\mathrm{d}t} + mg\theta = 0 \tag{1.12}$$

となる.

さらに $\dfrac{h}{2m} = \lambda$，$\dfrac{g}{l} = \omega^2$ とおいて整理すると，

$$\frac{\mathrm{d}^2\theta}{\mathrm{d}t^2} + 2\lambda\frac{\mathrm{d}\theta}{\mathrm{d}t} + \omega^2\theta = 0 \tag{1.13}$$

となり，おもりの運動方程式が得られる.

ところで水中でおもりが動く場合は抵抗力よりおもりの復元力の方が大きい. そこでこのことを考慮して (1.13) 式を解くと，t の関数として，θ が次のように得られるから，おもりの運動がわかる.

$$\theta = \frac{\theta_\mathrm{m}\omega}{\sqrt{\omega^2 - \lambda^2}}\mathrm{e}^{-\lambda t}\cos(\sqrt{\omega^2 - \lambda^2}\,t - \phi) \tag{1.14}$$

ただし，

$$\cos\phi = \frac{\sqrt{\omega^2 - \lambda^2}}{\omega}, \quad \sin\phi = \frac{\lambda}{\omega}$$

これは振幅が $\dfrac{\theta_\mathrm{m}\omega}{\sqrt{\omega^2 - \lambda^2}}\mathrm{e}^{-\lambda t}$ で，周期が $\dfrac{2\pi}{\sqrt{\omega^2 - \lambda^2}}$ の角振動の式に似ているが，$\mathrm{e}^{-\lambda t}$ の因子があるため，振幅は時間的に減少していくことを示している. すなわち，減衰振動を示す式である.

図 1.4 は減衰振動している振り子のふれ角の時間変化を示す.

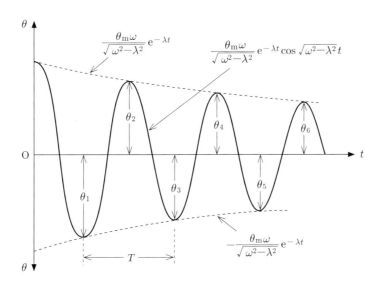

図 **1.4**

半周期 $\dfrac{T}{2}$ ごとのふれ角の絶対値を $\theta_1, \theta_2, \theta_3, \theta_4, \cdots$ とすると (1.14) 式より

$$\left.\begin{aligned}
\theta_1 &= \frac{\theta_\mathrm{m}\omega}{\sqrt{\omega^2 - \lambda^2}}\mathrm{e}^{-\lambda\frac{T}{2}} \\[2mm]
\theta_2 &= \frac{\theta_\mathrm{m}\omega}{\sqrt{\omega^2 - \lambda^2}}\mathrm{e}^{-\lambda T} \\[2mm]
\theta_3 &= \frac{\theta_\mathrm{m}\omega}{\sqrt{\omega^2 - \lambda^2}}\mathrm{e}^{-\lambda\frac{3T}{2}} \\[2mm]
\theta_4 &= \frac{\theta_\mathrm{m}\omega}{\sqrt{\omega^2 - \lambda^2}}\mathrm{e}^{-2\lambda T} \\[2mm]
&\quad\vdots
\end{aligned}\right\} \tag{1.15}$$

ただし，$T = \dfrac{2\pi}{\sqrt{\omega^2 - \lambda^2}}$ である．よって，

$$\frac{\theta_1}{\theta_3} = \frac{\theta_2}{\theta_4} = \frac{\theta_3}{\theta_5} = \frac{\theta_4}{\theta_6} = \frac{\theta_1 + \theta_2}{\theta_3 + \theta_4} = \frac{\theta_3 + \theta_4}{\theta_5 + \theta_6} = e^{\lambda T} \tag{1.16}$$

$e^{\lambda T}$ を減衰比といい，さらにその対数

$$\lambda T \tag{1.17}$$

を対数減衰率という．

b) 減衰振動のエネルギー

(1.12) 式に $l\dfrac{d\theta}{dt}$ をかけて，移項すると次式が得られる．

$$ml^2 \frac{d\theta}{dt}\frac{d^2\theta}{dt^2} + mgl\theta\frac{d\theta}{dt} = -hl^2\left(\frac{d\theta}{dt}\right)^2$$

これは

$$ml^2\frac{1}{2}\frac{d}{dt}\left(\frac{d\theta}{dt}\right)^2 + mgl\frac{d}{dt}\left(\frac{1}{2}\theta^2\right) = -hl^2\left(\frac{d\theta}{dt}\right)^2$$

と書けるから，

$$\frac{d}{dt}\left[\frac{1}{2}m\left(l\frac{d\theta}{dt}\right)^2 + \frac{1}{2}mgl\theta^2\right] = -h\left(l\frac{d\theta}{dt}\right)^2$$

となる．

[ ] の中は振り子の力学的エネルギーであるから，この式から減衰振動では時間的に力学的エネルギーが減少していくということがわかる．

c. 実　　験

実験の方法，操作については，机上に説明書があるので，ここでは省略する．

d. 実験結果の解析

a) 自由振動のありさま

1) データから周期の平均値 $\overline{T}$ を求めよ．

2) 振り子の長さ l を測定し (p.43 を参照)，(1.8) 式から周期を計算し，上の $\overline{T}$ と比較せよ．おもりの質量は 30.0 g とする．

b) 自由振動のエネルギー

1) 運動エネルギー (K・E) と位置エネルギー (P・E) がおもりの位置に対して，どう変化しているか，その関係を示すグラフをつくれ．

横軸におもりのふれ角 (度) をとり，縦軸に $K \cdot E = \dfrac{1}{2}ml^2\left(\dfrac{d\theta}{dt}\right)^2$，$P \cdot E = \dfrac{1}{2}mgl\theta^2$ および K・E ＋ P・E の値をとる．データのはじめの方の $\theta_m \sim -\theta_m$ の区間を 5, 6 点とる (K・E，P・E，K・E ＋ P・E の各点は同一軸上にプロットする)．

2) グラフを見て，K・E ＋ P・E ＝ constant が成り立っていると見られるかどうか，これについて議論せよ．

c) 減衰振動のありさま

1) データから周期の平均値 $\overline{T'}$ を求めよ．自由振動の $\overline{T}$ と比較せよ．

2) (1.16) 式を使って対数減衰率がいくらになるか求めよ (有効数字 3 桁)．

3) 抵抗力 $-hv$ の比例定数 h の値はいくらになるか．

(4) 備　考

　回転角センサーは，磁界が加わると電気抵抗が変わる磁気抵抗素子と永久磁石を組み合わせて，ポテンショメーターとしたものである．

　ここで使用しているものは，角度範囲が $\pm 6°$ のもので，構造は図 1.5 に示すように 2 個の磁気抵抗素子 R_a, R_b を直列につなぎ端子 1-3 間に電圧 E を加え，中間端子 2 と端子 1 から出力電圧 V を取り出すようになっている．永久磁石がどちらに動いても，2 つの磁気抵抗素子 R_a, R_b を覆う面積の和は常に一定であるから，端子 1-3 間の抵抗値は永久磁石の動きに関係なく一定値を保ち，回路には常に一定値の電流が流れる．

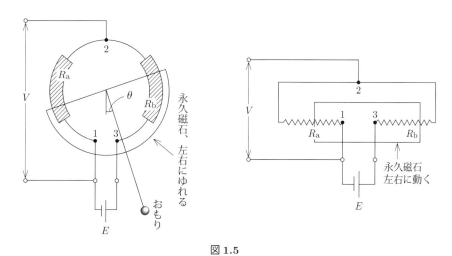

図 1.5

　一方，端子 1-2 間の抵抗 R_a の抵抗値は，磁石の動きによって増減するから，出力電圧 V が変動する．このようにして，ふれ角が電圧に変換されて出力される．

注　意：振り子の長さ l は，図のように測る．5 回以上測定記録して，表をつくり平均値を出す．

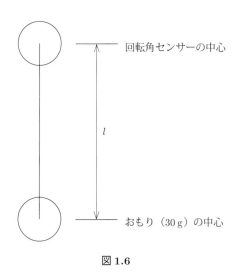

図 1.6

課題 *2* たわみによるヤング率の測定

(1) 目　　的

　与えられた角棒の中央部におもりをのせてたわませ，ヤング[1]率 (Young's modulus) を測定する．同時にマイクロメーターとキャリパーの使用法および光のてこの方法など基礎的な測定法や平均2乗誤差の計算による有効数字の決め方を修得する．

(2) 理　　論

　長さ l，断面積 S の一様な棒の一端を固定し，他端を軸方内に F の力で引っ張る (押す) とき，棒の伸び (縮み) を Δl とすると，弾性の限界内では Hooke の法則より応力はひずみに比例する．このように応力とひずみの間に比例関係が成り立つときの比例定数がヤング率 E である．すなわち $\dfrac{F}{S} = E\dfrac{\Delta l}{l}$．ヤング率は物質に特有な定数である．

　ただし，本実験ではひずみを与えるのに引っ張ったり縮めたりはせず，棒の中央に荷重を加えてたわませ，そのたわみからヤング率を求める．

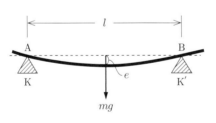

図 2.1

　(図 2.1 参照) 厚さ a，幅 b の矩形断面の試料棒 AB を l だけへだてた2つの刃 KK' (knife edge) の上に置き，中央に荷重 m をのせたとき，中央部が下がる大きさ (中点降下量) を e とすると，ヤング率 E は次の式から算出される．

$$E = \frac{mgl^3}{4a^3be} \tag{2.1}$$

この e はきわめて小さい量であるから，"光のてこ" (optical lever) で拡大して測定する．ここで用いる装

---

[1] Thomas Young (1773〜1829)，英国の医者，物理学者．光の本体の研究で Fresnel に先立って光の波動説を主張し，また光は横波であることもはじめて唱えた．ヤング率は彼によって 1807 年に導入された．

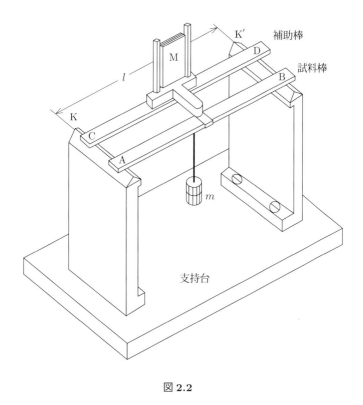

図 2.2

置 (図 2.2) はユーイング[2]によって考案されたので，その名をとりユーイングの装置と呼ばれている．

(3) 装　　置

　ユーイングの装置．望遠鏡とスケール，巻尺，スチール尺，マイクロメーター，キャリパー (ノギス)，光のてこ，試料棒，補助棒，おもりおよび吊金具．

(4) 方　　法

1) 試料棒の厚さ a はマイクロメーターを使って，また幅 b はノギスを使って棒の各所 (1 か所ではなく) を 6 回測定し，それぞれ平均値と平均 2 乗誤差 (15 ページ) を求める．

　　次に支持台の 2 つの刃 K と K′ の間隔 l をスチール尺で 6 回測定し，同じく平均値と平均 2 乗誤差を求める．

2) KK′ の上に試料棒 AB と補助棒 CD を図 2.2 のように平行にのせ，試料棒のちょうど KK′ の中央にあたるところにおもりを吊るす金具をとりつける (試料棒そのものの中心ではない)．吊金具に 100 g 程度のおもりをのせる．

　　"光のてこ" の後脚の 2 本は補助棒に，前の 1 本脚は試料棒のおもりを吊るした金具の上に置き，上から見て鏡の台がだいたいこれらの棒と直角になるように，また，横から見て鏡面はほぼ垂直に正面を向くようにする．

3) "光のてこ" (optical lever) の正面よりできるだけ距離を離して望遠鏡とスケールを置き，鏡 M で反射したスケールの目盛を望遠鏡で観測する．そのためには望遠鏡をほぼ M と同じ高さのところに設置

---

[2] James Alfred Ewing (1855〜1935)，英国の物理学者．1878〜1883 年招かれて東京大学で機械工学を講義し，また地震学上の諸研究をし，地震計を考案し大学内に観測所を設け日本における地震現象の科学的研究の先駆となった．

し，望遠鏡をのぞき，**十字線** (cross wire) がはっきり見えるように接眼鏡を調節する．次にスケールをランプで照らす．望遠鏡をすぐのぞかず，まず望遠鏡の接眼レンズのすぐ上から，肉眼で直接 M を見て M に望遠鏡とほぼ同じ高さのところのスケールの目盛 y_0 がうつるようにする．それには共同者に指示して，鏡面の前後のふれ，左右のふれを細かく調節してもらうとよい．肉眼で y_0 近辺の目盛が M の中に見えたら，目はそのままにしておき，この視線上に望遠鏡の鏡軸が一致するように望遠鏡全体を動かせば，視野内に目盛がうつるから，ここで焦点を合わせる．

4) 視野内の十字線を利用して，見えている目盛を正しく読み取り y_0 とする．次におもり（いずれも 0.200 kg）を順次 1 個ずつ増加していき，そのつど望遠鏡で目盛を読み，それぞれ $y_1, y_2, \cdots, y_5$ とする（図 2.3 参照）．（静かにのせていかないと，"光のてこ" が動いたり，落ちてしまったりするので注意のこと．）

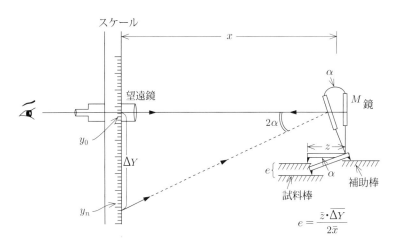

図 2.3

$$e = \frac{\bar{z} \cdot \overline{\Delta Y}}{2\bar{x}}$$

表 2.1

おもり [kg]	増加 [mm]	減少 [mm]	平均変化 $Y_i = \frac{1}{2}(y_i + y_i{}')$
0	y_0	$y_0{}'$	Y_0
0.200	y_1	$y_1{}'$	Y_1
0.400	y_2	$y_2{}'$	Y_2
0.600	y_3	$y_3{}'$	Y_3
0.800	y_4	$y_4{}'$	Y_4
1.000	y_5	$y_5{}'$	Y_5

$$\Delta Y_0 = |Y_3 - Y_0|$$
$$\Delta Y_1 = |Y_4 - Y_1|$$
$$\Delta Y_2 = |Y_5 - Y_2|$$
$$\overline{\Delta Y} = \frac{1}{3}(\Delta Y_0 + \Delta Y_1 + \Delta Y_2)$$

5) 次におもりを 1 個ずつ減少させたときの読みを同様 $y_5{}', y_4{}', \cdots, y_0{}'$ とする．

6) 荷重 0.600 kg に対するスケールの読みの変化の平均 $\overline{\Delta Y}$ をガイダンスの誤差演習で行った方法で求めよ．それには 0.200 kg の変化に対するスケールの読みの平均変化 $Y_0, Y_1, Y_2, Y_3, Y_4, Y_5$ を算出し，次に $|Y_3 - Y_0| = \Delta Y_0$，$|Y_4 - Y_1| = \Delta Y_1$，$|Y_5 - Y_2| = \Delta Y_2$ の平均値 $\overline{\Delta Y}$ を算出すればよい．

7) **荷重**と 6) の**スケールの読みの平均変化**との関係を**グラフ**にとって，フックの法則 (Hooke's law) が成り立つか否かを確かめよ．

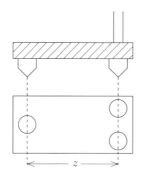

図 2.4

8) 鏡とスケールとの距離 x を巻尺で 6 回測定し平均値 $\overline{x}$ を求める.

9) "光のてこ" の後の 2 本脚を結ぶ直線と前脚との間の垂直距離 z (図 2.4) をキャリパーで 6 回測定し, 平均値 $\overline{z}$ と平均 2 乗誤差を求める.

10) 0.600 kg の荷重に対する中点の降下量 e は次式により算出することができる.

$$e = \frac{\overline{z} \cdot \overline{\Delta Y}}{2\overline{x}} \tag{2.2}$$

11) 以上の測定値を (2.1) 式に代入してヤング率 E を求めよ. ただし, 誤差計算を行って, $E + \Delta E$ の形で答えよ. 単位は MKS 系では $\dfrac{\text{N}}{\text{m}^2}$ もしくはパスカル Pa である.

12) 誤差計算は

$$\frac{\Delta E}{E} = \frac{\Delta m}{m} + 3\frac{\sigma_{\overline{l}}}{\overline{l}} + \frac{\sigma_{\overline{x}}}{\overline{x}} + 3\frac{\sigma_{\overline{a}}}{\overline{a}} + \frac{\sigma_{\overline{b}}}{\overline{b}} + \frac{\sigma_{\overline{z}}}{\overline{z}} + \frac{\sigma_{\overline{\Delta Y}}}{\overline{\Delta Y}}$$

問題 1 ユーイングの装置による方法は, どのような点においてすぐれていると思うか.

問題 2 2) において吊金具に 100 g のおもりをのせるのはなぜか.

問題 3 どの量が最も精密に測定されなければならないか.

ヤング率の導出について

矩形の断面 (幅 b, 厚さ a) を有する長さ l の棒 AB が (図 2.5 (a)) のようにたわんだとすると, 棒の中の接近した 2 つの断面 P, Q は互いに傾いて $d\theta$ の角をなす. このとき, 棒の下側は伸び上側は縮むから, その中間に形は曲がるが伸び縮みのない面があると考えられる. この面のことを中立面 (neutral layer) (図 2.5 (b)) という.

中立面は近似的に棒の断面の重心を通ると考えられる. 中立面の曲率半径を ρ とすると (図 2.5 (c)), P 面と Q 面の間の中立面の長さは $\rho \cdot d\theta$ である. いま中立面に平行で, これより h だけ離れた, 断面積 dS の 2 つのうすい層を考えると (図 2.5 (b) または図 2.6), この層は棒の方向に単位長さあたり

$$\frac{(\rho \pm h)\,d\theta - \rho\,d\theta}{\rho\,d\theta} = \pm\frac{h}{\rho} \tag{2.3}$$

だけ伸縮している (正号は伸び, 負号は縮み). 図 2.5 (c) 参照. この断面積 dS に働く力の大きさを dF とするとヤング率の定義

$$E = \frac{\dfrac{dF}{dS}}{\dfrac{h}{\rho}} \tag{2.4}$$

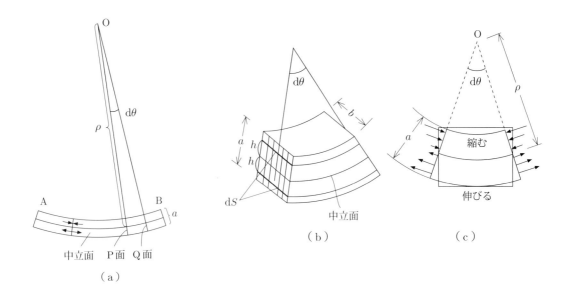

図 2.5

から

$$dF = \frac{E}{\rho}h\,dS \tag{2.5}$$

である．またこれら 2 つの層に働く力は，偶力を形成しているから，その偶力モーメントを dM とすると

$$dM = 2h\,dF = 2\frac{Eb}{\rho}h^2\,dh \quad (\text{図 2.6参照}) \tag{2.6}$$

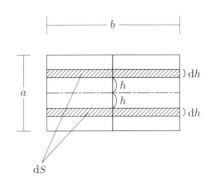

図 2.6

棒の断面全体では

$$M = 2\frac{Eb}{\rho}\int_0^{a/2} h^2\,dh = \frac{Eba^3}{12\rho} \tag{2.7}$$

となる．試料棒中のどの断面にも働いていると考えられる．この M を曲げモーメントという．さて，図 2.1 のように試料におもりを吊り下げてたわませたとき，中央から右半分については図 2.7 のように一端 O を壁に垂直に固定し，他端 B に $\frac{1}{2}mg$ の力を上向きにかけたときと全く同じ状態になる．

　O から任意の距離 x のところの微小部分 PQ $(= dx)$ の曲がりによって，試料は P′ から Q′ へ，de だけ変位している．

$$de = \left(\frac{l}{2} - x\right)d\theta = \left(\frac{l}{2} - x\right)\frac{dx}{\rho}, \quad \rho = \frac{\frac{l}{2} - x}{de}dx$$

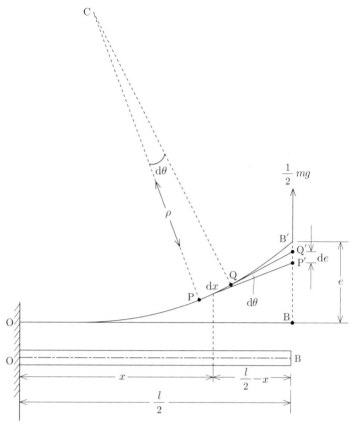

図 2.7

さて，棒の $\left(\dfrac{l}{2}-x\right)$ 部分に働いている外力は $\dfrac{1}{2}mg$ で，これによる偶力モーメントは $\dfrac{1}{2}mg\left(\dfrac{l}{2}-x\right)$ である．一方，前に述べたように棒のどこの断面にも (2.7) 式の偶力モーメントが働いているから，

$$\frac{1}{2}mg\left(\frac{l}{2}-x\right)=\frac{Eba^3}{12\rho}$$

でなければならない．これより

$$\mathrm{d}e=\frac{6mg\left(\dfrac{l}{2}-x\right)^2}{Eba^3}\,\mathrm{d}x$$

よって，棒全体としての変位量 BB$'$ を e とすると $e=\displaystyle\int_0^{l/2}\mathrm{d}e=\dfrac{mgl^3}{4Eba^3}$ となり，これより $E=\dfrac{mgl^3}{4bea^3}$ を得る．

課題 **3** 低温の世界

> **注 意**：本課題では液体窒素を使用する．実験の際は以下に注意する．
> 1. 液体窒素で冷えたものを直接手で触らない．
> 2. 液体窒素は室温下ですぐに蒸発するため，体積が大きくなる．そのため，密閉容器では破裂の恐れがあるので，気化した窒素の逃げ道を確保する．
> 3. ある程度広い空間であっても，多量の液体窒素が蒸発すると大気中の酸素濃度が低くなり，窒息することがある．酸素濃度の確保に留意する．
> 4. 液体窒素は大気中の酸素を液化させる．これは燃焼を誘起しうるので，可燃性物質を近づけない．

序　論

　物質を構成している分子や原子は熱エネルギーのために運動している．この運動は**熱運動**と呼ばれており，気体では分子が激しく飛び回り，液体では分子間に力が働いて分子運動がややゆるやかになり，そして固体では原子や分子はほぼ固定された定点まわりの振動になる．このように同じ物質であっても，温度に応じてさまざまな異なった様相を見せる．**温度は物質の状態を表す物理量**である．人類がこれまでにつくり出した温度は，高温では水素の同位体の熱核反応による水素爆弾の中心の約 1 億度から，低温では原子核スピンの断熱消磁という方法で到達した 10^{-8} 度 (K) までほぼ 16 桁の広い範囲にわたっている．

　身のまわりの温度の低いものを見ていくと，家庭で使用される冷凍庫は約 $-15\,^\circ$C である．また，ドライアイス (固体の二酸化炭素) の温度は $-80\,^\circ$C である．リニアモーターカーでは液体ヘリウムに浸けた超伝導マグネットが用いられるが，その温度は $-269\,^\circ$C である．

　このように現代の社会生活においてさまざまな場面で「低温」が利用されているが，物理的には低温にはどういう意味があるのだろうか．

(1) 目　的

　液化温度 $-196\,^\circ$C (77 K) の液体窒素を用いて，低温における物質の様子の変化や急速な温度変化の過程で起こる物理現象の観察を行う．

(2) 原　理

　この課題の原理は広範にわたるうえ，難しいものが多い．そのためここではそれぞれの実験を説明する物理について簡単に記述するにとどめる．さらに深く知りたい場合は参考書を読むことを薦める．予習では一通り目を通し，プレレポートはその中で興味のある 2〜3 項目の内容を簡潔に書けばよい．

a. 熱伝導と比熱

熱伝導率 k は厚さ $1\,\mathrm{m}$ の板の両面に $1\,\mathrm{K}$ の温度差があるとき，その板の面積 $1\,\mathrm{m}^2$ の面を通して $1\,\mathrm{s}$ 間に流れる熱量が何 J になるかを表す．熱伝導率が高い物質ほど，熱を伝えやすい．

同じ熱量をやりとりしたときの，温度の上昇や下降の度合いを示す物理量に**熱容量**がある．熱容量はある物質の温度を $1\,\mathrm{K}$ 上げるのに必要な熱量が何 J かを表す．熱容量の大きい物質ほど温度を上げにくく，冷えにくい．式で書くと，熱容量 C の物体を温度 Δt だけ変化させるのに必要な熱量 Q は

$$Q = C\Delta t$$

である．また，物質の量が多ければ当然熱容量も大きくなるので，熱容量 C を質量 m で割った比熱 c を考えると，物質の量に関係せず便利である．質量 m，比熱 c の物体の熱容量 C は

$$C = mc$$

となる．

材質により，熱伝導率や比熱が異なり，質量も容器ごとに異なるので，液体窒素の蒸発時間も容器ごとに異なる．

$1\mathrm{atm}$ ($1013.25\,\mathrm{hPa}$)，$20\,\mathrm{℃}$ (気体は $0\,\mathrm{℃}$) の熱伝導率と比熱の一例を表 3.1 に記す．

表 3.1 さまざまな物質の熱伝導率と比熱 ([3] より)

物質	$k/(\mathrm{W \cdot m^{-1} \cdot K^{-1}})$	$c/(\mathrm{J/(g \cdot K)})$
陶器 (絶縁物)	1.40	0.80
クロムニッケル鋼　18/8	16.00	0.502
アルミニウム	204.00	0.900
ポリ塩化ビニル (軟質：PVC)	0.13-0.17	1.26-2.09
窒素 (0 ℃)	0.0241	1.043
空気 (0 ℃)	0.0157	1.005
水	0.6020	4.182
エチルアルコール	0.1830	2.416

b. 熱による固体の体積膨張 (収縮)

体積膨張率 β は，ある物質の温度を $1\,\mathrm{K}$ 上げたときに体積が増加する割合を表す．固体の体積膨張率 β はほぼ定数とみなせるため，基準温度からの温度差を Δt，固体の体積を V，基準温度での体積を V_0，体積膨張率を β とすると

$$V = V_0(1 + \beta\Delta t)$$

となる．多くの物質の体積膨張率は正 (温度が上がると体積が大きくなる) であるが，負の物質も存在する．物体の長さに関する膨張率を線膨張率と呼び，α と書く．体積膨張率と線膨張率の間には $\beta \approx 3\alpha$ の関係が成り立つ．

物質により体積膨張率が大きいもの小さいものがあり，体積膨張率の大きい物質は温度差により変形したり，破壊がおこることもある．

$20\,\mathrm{℃}$ の線膨張率の一例を表 3.2 に記す．

表3.2　固体の線膨張率 ([4] より)

物質	$\alpha/(\mathrm{K}^{-1})$
	$\times 10^{-6}$
磁器 (絶縁)	2-6
クロムニッケル鋼　18/8	14.7
ゴム (弾性)	77

c.　理想気体

密度があまり高くないとき, 一定温度一定物質量の気体の圧力は体積に反比例する**ボイルの法則**

$$PV = \mathrm{const.}$$

が成り立つ. ここで, P, V はそれぞれ気体の圧力と体積で, const. は一定値という意味である. また, 気体の物質量と圧力を一定に保って温度を変化させた場合, 体積膨張率または収縮率は一定であるという**シャルルの法則**

$$\frac{V}{T} = \mathrm{const.}$$

も成り立つ. ここで, T は気体の絶対温度である. この2つの法則をまとめたものがボイル-シャルルの法則

$$\frac{PV}{T} = \mathrm{const.}$$

である. 絶対温度がゼロになる温度を絶対零度といい, これは気体を構成する原子・分子が動かなくなる, つまり圧力がゼロになる温度であり, 摂氏で $-273.15\,°\mathrm{C}$ となる (ただし, 熱力学によれば物質は絶対零度にすることはできない).

　以上をまとめたのが**状態方程式**

$$PV = nRT \tag{3.1}$$

である. ここで, n は気体の物質量, R は気体定数である.

　液体との比較として, 水を例として考える. 1 mol の水は 18 g であり, これは体積で 18 ml である. これを温度を上げて $100\,°\mathrm{C}$, 1 気圧 (1013 hPa) の気体になったと仮定すると, 式 (3.1) から, 体積は $0.031\,\mathrm{m}^3 = 31\,\mathrm{L}$ である. つまり, 液体と気体では 1000 倍程度体積が異なる.

d.　反発係数

　反発係数は物体の衝突の特性を表す量で, 本実験では (3) 実験 d. スーパーボールの弾性を定量的に評価するのに使う. 定義は

$$e = \frac{|v_2{}' - v_1{}'|}{|v_2 - v_1|} \tag{3.2}$$

である. ここで, v_1, v_2 および $v_1{}'$, $v_2{}'$ は, それぞれ直線上で衝突する物体1, 2の衝突の前と後の速度である. この式はそれぞれの物体の衝突前後の速さがわかれば反発係数が求まることを示している. 図 3.1 は自由落下から物体の反発係数を求める実験系を示す. スーパーボールは高さ h_2 から自由落下し, 床で跳ね返り高さ $h_2{}'$ まで到達する. 衝突前後でエネルギー保存則を立てると, 静止状態の運動エネルギーと床でのポテンシャルエネルギーが0になるので,

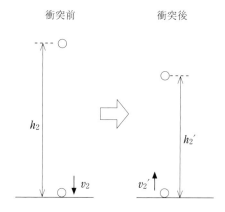

衝突前　　　　　　　　衝突後

図 3.1　スーパーボールの床での跳ね上がり

$$0 + mgh_2 = \frac{1}{2}mv_2{}^2 + 0$$

$$\frac{1}{2}mv_2{}^2 + 0 = 0 + mgh_2{}'$$

となり，それぞれ速さについて解くと

$$v_2 = \sqrt{2gh_2}$$

$$v_2' = \sqrt{2gh_2{}'}$$

となる．床は動かないので $v_1 = v_1' = 0$ を式 (3.2) に代入すると，この場合の反発係数は

$$e = \sqrt{\frac{h_2{}'}{h_2}} \tag{3.3}$$

と簡単に表される．

e.　物質の過冷却

図 3.2 は物質 (純物質) の典型的な体積の温度変化を示す．安定な平衡状態にある物質を低温から温度上昇させてゆくと，それに応じて体積膨張 (物質によっては収縮) を示す (A → B)．この相が固相 (固体) とすると，B 点で融解して安定な平衡状態の液体となり，C → D でさらに熱膨張する．逆に，D 点の状態を

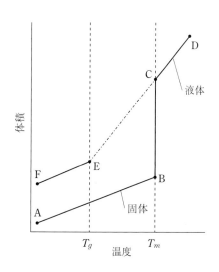

図 3.2　物質の体積の温度変化．A-B-C-D は平衡状態である．

ゆっくりと冷やしていけば，この逆をたどる．一方，液体のD状態から急冷し，T_m で結晶化することなく**過冷却**されると，C → Eへの過程で準安定状態の過冷却液体となる．さらに冷やしていくと，ある温度 T_g に達し，急激に体積膨張係数 (図 3.2 の傾き) の減少が見られる (E → F)．この T_g は**ガラス転移温度**という．この状態 (EからF) がガラス状態であり，これは非平衡状態である．

窓ガラスから「ガラス」というと結晶のようなイメージがあるかもしれないが，物質によってはガラス状態は通常の結晶状固体や液体とは異なる性質 (密度や硬度) を有する．ちなみに窓ガラスも液体の過冷却により，生成されている．

f.　導線の抵抗

電池と導線をつないだ回路を考えると，導線も値は非常に小さいが抵抗値をもっているので，オームの法則

$$V = RI$$

が成り立つ．この抵抗を図 3.3 (左) の R のようにブラックボックスとして考えることもできるが，導線の断面積を S，長さを l とすると，材質固有の**比抵抗** (抵抗率) ρ を使って

$$R = \rho \frac{l}{S} \tag{3.4}$$

と書ける．電流は電子の流れであるから，電子の立場で見ると図 3.3 (右) のようになる．電子は電場によって加速されて導線を構成する原子に衝突して減速し，また加速しては原子に衝突する，を繰り返す．つまり，導線内の原子が電子にとっての「抵抗」と感じられ，速さに影響を与える．室温では原子は振動し，電子との衝突が頻繁に起こる．一方，冷却していくと徐々に原子の振動が小さくなり，電子が原子と衝突するまでの時間が長くなり，速さが大きくなる．すなわち電流が流れやすくなる．したがって，比抵抗はある温度範囲で温度に比例し，

$$\rho = \rho_0 (1 + a\Delta t)$$

と近似的に書ける．ここで ρ_0 は基準温度での比抵抗で，a は比抵抗の温度係数，Δt は基準温度からの温度差である．この関係から抵抗は温度を下げるとゼロになりうるように思える．しかし，ほとんどの導体では温度を下げていくと，ある温度で抵抗値がほとんど変わらなくなり，0K 近くまで温度を下げても抵抗値はゼロにはならない．この抵抗を残留抵抗とよび，不純物などによる．

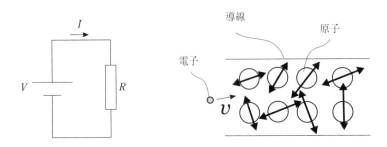

図 3.3　(左) 電池と抵抗からなる閉回路. (右) 導線中の電子の運動.

g. 超伝導体

　導体の中には温度を下げていくとある温度で突然電気抵抗が消失してしまうものがある．これは 1911 年にオランダのカマリン・オンネス (Kammeringh Onnes) が水銀を液体ヘリウムで冷やし，電気抵抗を測定していた際に見い出した．Onnes はこの現象を「この物質 (水銀) は**超伝導状態** (superconductivity state) に転移した」と表現した．

　超伝導状態にはいろいろな性質があるがここでは 2 つ触れておく．1 つはすでに記しているが，電気抵抗がゼロになることである．図 3.4 (a) は水銀の超伝導状態転移付近の抵抗値を示している．4.2 K 付近で突然抵抗値がゼロ近辺まで落ちているのが確認できる．このように抵抗値がゼロになり超伝導現象が起こる温度を**臨界温度** T_c という．2 つ目は本課題でみる**マイスナー効果**である．これは超伝導体に磁石を近づけると，磁石による磁場 (磁界) が超伝導体をさける現象をいう．図 3.4 (b) の左のように $T > T_c$ では磁場が超伝導体に均一にかかるが，$T < T_c$ では磁場が超伝導体を通らなくなる．このとき超伝導体は完全反磁性体になっている．ただし，マイスナー効果だけでは反発の影響のみを説明しているので，本実験の結果を説明できない．なお本実験では，臨界温度 T_c が液体窒素の沸点よりも高い，高温超伝導体 (詳細は (5) 備考を参照) を用いて，マイスナー効果の観察を行う．

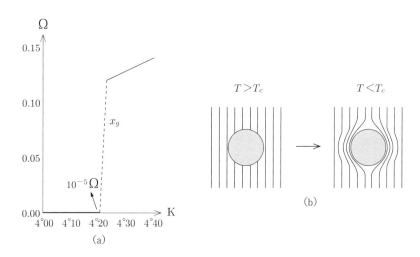

図 3.4　(a) 臨界温度の近辺の Hg の抵抗値．(b) 超伝導体の臨界温度を境にした磁場の状況．左は $T > T_c$，右は $T < T_c$ である．([2] より)

h. 化学電池

　高校の化学で学ぶダニエル電池では正負の電極でそれぞれ

$$Cu^{2+} + 2e^- \rightarrow Cu \ (還元)$$

$$Zn \rightarrow Zn^{2+} + 2e^- \ (酸化)$$

の反応が起きている．この反応の速さは**アレニウスの式**で近似的に

$$k = A \exp\left[-\frac{E_a}{RT}\right]$$

と書かれる．ここで A は頻度因子，E_a は活性化エネルギー，R は気体定数，T は絶対温度である．$T \rightarrow 0$ で，$k \rightarrow 0$ となり，反応が止まることで電池の起電力がなくなる．

(3) 実　　験

詳細な実験方法は各机に備え付けてあるクリアファイルを参照する.

a.　液体窒素の観察

デュワー瓶 (ステンレス製の円筒型容器), 角型容器 (ステンレス製), 蒸発皿 (セラミック製) に同量の液体窒素を注ぎ, 蒸発の様子を観察する. また, 少量の液体窒素に指で触れ, 感触を確かめる.

b.　フィルムケースロケット

フィルムケースに 1/3 から 1/4 の液体窒素を注ぎ, 蓋をする. そのまま数秒から数十秒待っていると, 蓋が飛ぶので様子を観察する. 蓋は勢いよく飛ぶので, フィルムケースをカバーで覆う.

注　意：周囲の人も十分注意し, 絶対に上からのぞかない. なかなか飛ばないときは担当者に申し出ること.

c.　プラスチック消しゴムの破壊

プラスチック消しゴムを 1 cm ほど切り, 蒸発皿の中で冷やす. 十分冷えたところで, 机の上に取り出し, 数秒から数分待つと消しゴムが破壊するので, その様子を観察する. ただし, 消しゴムを冷やしている最中にも破壊するときがあるが, これでも問題ない.

注　意：冷えた消しゴムを直接手で触らない.

d.　スーパーボールの弾性

1 m の高さからスーパーボールを自由落下させ, 弾んだ 1 回目の高さを目視で測定する. これを 3 回行う. 次に, スーパーボールを液体窒素に浸け十分冷やしたのち, 同様に 1 m の高さから自由落下させたときの弾んだ高さを 3 回記録する.

注　意：冷えたスーパーボールを直接手で触らない. スーパーボールは消しゴムと異なり, 破壊はおこりにくい. ただし, 低温時に強い衝撃を与えると破壊されるので, たたきつけたりしない.

e.　ビニール袋を使った実験

1) ビニール袋を膨らませ, 口を結ぶ. これを角型容器に入れた液体窒素につけ, 袋の全体と中の様子を観察する. 観察終了後, 袋を取り出し, 変化を観察する.

2) ビニール袋に 1/4 ほど液体窒素を入れる. 角を下にしておくと, 液体がこぼれてくるので, その液体に磁石を近づけ, 様子を観察する.

注　意：袋に穴が開いているようであれば, 担当者に申し出る. 2) の実験ではビニール袋の口を強くにぎらないで, 空気の逃げ道を作る.

f.　アルコールの冷却

試験管とビーカーにエタノールを 1/3 程度入れる. エタノールが入った試験管をゆっくり液体窒素の入ったデュワー瓶に入れていき, 底についたら手を離し, 5 分程度待つ. 待ち時間で備え付けの理科年表でエタノールの融点を調べる. 十分冷えたら, 試験管を取り出し, エタノールの様子を観察する. その後

グローブで試験管内のエタノールを温めながら，口を下にし，ビーカーに液体が垂れるようにする．しばらくすると，エタノールが溶け出し，最終的には塊がビーカーに落ちる．塊をテフロンピンセットで触り，感触を確認する．

g.　超伝導体のマイスナー効果

まず，クーラーボックスの容器を上下逆にして机の上に置き，その上に蓋を内側が上向きになるように設置する．円柱状の金属製の台を蓋の中央部分に置いて，その上に YBCO (超伝導体) をのせておく．次に，液体窒素を金属台のまわりに注ぎ (YBCO に直接かからないようにすること)，金属台の熱伝導を利用して YBCO をゆっくりと冷却する[1]．必要に応じて，液体窒素を追加し，YBCO が超伝導状態になるまで待つ．その間，YBCO の上にスペーサーをのせ，さらにその上に磁石をのせておく．液体窒素の沸騰が落ち着き，YBCO が超伝導状態になった後でスペーサーを取り除き，磁石の様子を観察する[2]．竹製トングを用いて磁石を触ってみても良い．(実験終了後，YBCO の表面に付着した水分は優しくふき取り，真空中で保管する．)

h.　豆電球と電池と導線の実験

1) 豆電球と電池とコイル状の導線を直列につなぐ．導線を液体窒素で冷やしたときの豆電球の明るさの変化を観察する．

2) 豆電球と電池を直列につなぐ．電池をデュワー瓶に直接いれ，そのときの豆電球の明るさの変化を観察する．

3) 室温に戻したコイル状の導線の抵抗値をデジタルマルチメーターで測定する．導線の抵抗値を見ながら液体窒素で冷やす．導線の抵抗値に変化が見られなくなったら，導線を液体窒素から取り出し，30 秒ごとに抵抗値を測定する．測定は 15 分行う．

4) 豆電球と電池と 1 Ω の抵抗を直列につなぐ．1 Ω の抵抗の両端電圧をデジタルマルチメーターで測定する．オームの法則からこの値がそのままこの閉回路の電流値を示していることになる．デュワー瓶の液体窒素に電池を浸けた瞬間から 10 秒ごとに電圧値を測定する．電圧値の変化がなくなってから 1 分ほどで測定は終了してよい．途中で電圧値の桁が突然変わるので注意して測定する．

(4)　結果のまとめと考察

以下の手順で結果をまとめ，考察する．

結果

1) 実験 a., b., c., e., f., g., h.
観察実験なので，各自観察した内容を箇条書きにわかりやすくまとめる．また，実験中に生じた疑問も記載する．この疑問は考察のテーマとなる．

2) d. スーパーボールの弾性
室温時，冷却時で跳ね上がりの高さの表を作成する．

---

[1] YBCO の取り扱いには十分注意すること．例えば，急冷や湿った状態での冷却は，YBCO を破損させる恐れがある．強い衝撃 (落下，ピンセットで強く挟む，など) を与えることも避けること．通常の移動時は竹製のすくいにのせて運び，近距離の移動のみ竹製トングを用いると良い．手の油分が YBCO 内部に浸透することを防ぐため，素手で直接触る回数は少ない方が好ましい．

[2] YBCO は，金属台から竹製すくいに移して空中で少し待てば，常伝導状態に戻すことができる．

3) h. 豆電球と電池と導線の実験

　導線の抵抗の時間変化と電流の時間変化を表としてまとめ，グラフ化しなさい．

考察

1) d. スーパーボールの弾性

　式 (3.3) から反発係数を算出し，室温と冷却後のスーパーボールの反発係数の平均値を求めよ．室温時と冷却時での差はなぜ出たのかを記述する．

2) 実験 a., b., c., e., f., g., h.

　上記の疑問などから考察では文献を調べるなどし，議論する．理科年表で調べた値 (沸点や融点) なども参考文献を引用しながら，記述すると良い．文献に書いてあることを丸写しにするのではなく，自分で納得して書くことをこころがける．h. を考察のテーマにする場合，室温時と冷却時で導線の比抵抗を求めると良い．導線の長さは 22 m，直径は 0.32 mm と仮定しなさい．

(5)　備　　考

a.　液体窒素

　窒素は液化温度が −196 ℃ (77 K) である．大気に多く含まれているため，原材料の入手は簡単である．工業的な製造方法としては以下のようにする．空気を数十気圧から数百気圧まで圧縮し，その状態から熱のやり取りをおこなわず，細い管を通して圧力を下げる (断熱自由膨張)．このとき膨張した空気が冷却される (水素やヘリウムではこの方法では逆に加熱される)．これは空気の理想気体からのずれのためで，このときの冷却効果は Joule-Thomson 効果と呼ばれる．このサイクルを何度も繰り返すうちに空気が冷え，液化が始まる．この液体空気を蒸留により窒素のみを取り出すと，液体窒素を得ることができる．図 3.5 は Joule-Thomson サイクルを示している．詳しい説明は熱力学にゆずる．

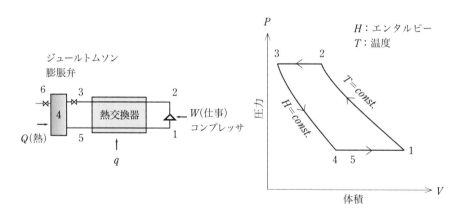

図 3.5　Joule-Thomson サイクル ([6])

b.　温度目盛の歴史

　われわれの日常生活の中で，高温といえばものの燃焼で得られる数 100 ℃ から 1000 ℃ 程度であり，それに対して低温ではまず氷を思い浮かべるであろう．自分でアイスクリームを作った経験があれば，氷水に塩を入れれば (このようなものを寒剤という) −20 ℃ 近くまで温度が下がるのを知っているであろう．実際，℉ で表す温度目盛 (ファーレンファイトまたは華氏) は，ドイツの G. Fahrenheit が 1724 年に氷水と塩化アンモニウムを寒剤として当時得られていた最低温度 −17.8 ℃ を 0 ℉ とし人体の温度である 37.8 ℃ ま

での温度を 96 等分 (12 進法による) して定めたものである．ここであと 2 つ重要な温度目盛について述べる．ひとつはスウェーデンの A. Celsius が 1742 年に定めた温度目盛でセルシウスまたは摂氏で呼ばれ，℃で表される．これは最初 Celsius によって，水の氷点を 100℃，沸点を 0℃ として定められたもの (温度が低い方が熱い) であるが，後になって 1 気圧下での水の氷点を 0℃，沸点を 100℃ と改めて定められた．℃と℉は人々の日常生活で使われているものであるが (アメリカやイギリスでは℉が普通である)，物理学では絶対温度と呼ばれるもうひとつの温度目盛を用いる．これは 1848 年にイギリスのケルビン卿 (Lord Kelvin, 本名は W. Thomson) によって導入されたもので，絶対零度を 0 K，水の三重点を 273.16 K と定義されるものである．したがって，絶対温度 T と摂氏 t の間には，$t/℃ = T/K - 273.15$ の関係があり (水の三重点を 0.01℃ とすることが国際温度目盛 (1990 年) として定められた)，温度目盛の間隔は 1℃ = 1 K である．

c. 超伝導体の臨界温度

図 3.6 は超伝導体の臨界温度 T_c の推移を示している．T_c が液体窒素よりも高いものが作れるようになったため，本実験で超伝導現象をみることができるようになった．現在は圧縮条件下であるが，200 K を超える T_c の超伝導体も報告されている．

本実験で用いるのは，イットリウム系銅酸化物高温超伝導体と呼ばれるもので，化学式は $YBa_2Cu_3O_7$ である．T_c が液体窒素よりも高い物質を一般的に高温超伝導体と呼ぶ (「高温」とは，先に超伝導現象が発見されていた金属や金属化合物の T_c に比べて高温ということ)．高温超伝導体における超伝導の発現機構は，金属の超伝導体のそれとは違い，未だ十分に解明されておらず，現在でもさかんに研究が行われている．

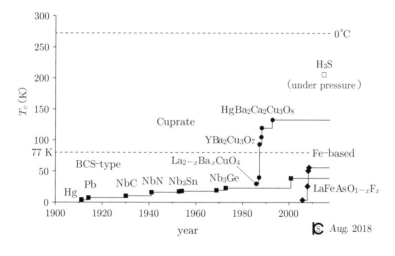

図 3.6 超伝導体の臨界温度の推移 ([7] より)

参考文献

[1] キッテル固体物理学入門 (上)：宇野良清ら訳，丸善，2005

[2] 新課程　チャート式シリーズ　新物理：都築嘉弘，井上邦雄，数研出版，2017

[3] 物体の物理的性質 (オーム電機株式会社)，https://www.ohm.jp/download/technical/tech_05.pdf

[4] 理科年表：国立天文台編，丸善，1995

[5] ガラス転移現象：関集三，日本結晶学会誌 14 巻，p.335，1972

[6] 極限科学のなかの極低温技術：守屋潤一郎，東京電機大学出版局，1992

[7] 超伝導転移温度の推移，https://www.phys.chuo-u.ac.jp/labs/kittaka/contents/others/tc-history/index.html

課題**4** 水素スペクトル

(1) 目　　的

　分光計と回折格子を用いて，水素のスペクトル線 (3 本) の**波長を測定**し，これより **Rydberg 定数**を求める．

(2) 原　　理

a. 回 折 格 子

　ここで用いる回折格子は，透過型のもので，うすい透明体 (たとえばプラスチックなど) にきわめて細い平行線を等間隔に多数刻んだもの (このようなものを一般にレプリカという) を，さらに透明な平行平面ガラスの表面に張ったものである．

　刻線間のすき間が 1 つ 1 つのスリットの働きをし，裏面から入射する平行光線は，これらスリットの各所で散乱させられる．散乱光のうち垂直方向に進むものは互いに位相がそろっているので明線をつくる．また回折角 θ_i の方向に進む散乱光どうしの光路長の差が，波長の整数倍であれば，そのような方向の散乱光は位相がそろうので強め合うことになる．

　回折格子が $10\,\mathrm{mm}$ 間に p 本の平行線を刻んだものであれば，$\dfrac{10}{p} = d\,[\mathrm{mm}]$ をその**回折格子の格子定数**と

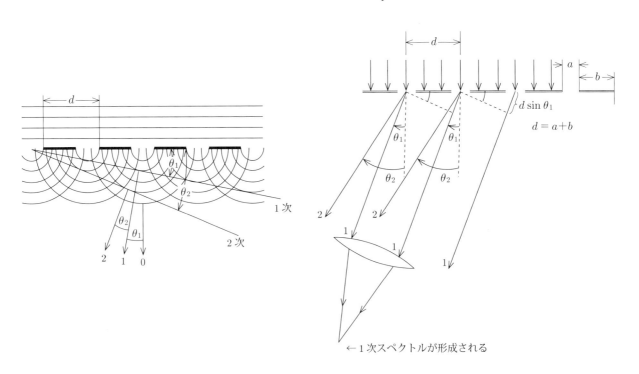

図 **4.1**

いう (図 4.1 の d の距離にあたる).

上述の散乱光の行路長の差を Δ とすると, $\Delta = d\sin\theta$ と書けるから

$$d\sin\theta_m = m\lambda \qquad m = 0, 1, 2, \cdots \tag{4.1}$$

を満足する方向では強め合うことになり, 明線が観測される. $m = 1, 2, \cdots$ に応じて, 1 次スペクトル, 2 次スペクトル, $\cdots$ という. λ は用いた光の波長である.

実験ではカドミウム放電管を光源とし, その中に含まれる 4 本のスペクトル線のうち赤色光を用いて (4.1) 式からまず与えられた**回折格子の格子定数 d を求める**. 次にこの d の値のわかった回折格子を用いて水素スペクトルの H_α, H_β, H_γ の波長をそれぞれ求める.

カドミウムの赤色光の波長は 6438.4696 Å (Å はオングストロームと呼ぶ長さの単位で 10^{-10} m のことである) で標準波長として有名であるが, ここでは 643.8 nm として用いる (nm はナノメートルと呼ぶ長さの単位で 10^{-9} m のことである).

b. 水素スペクトル

水素ガスを放電させ, 発する光のスペクトルを見ると, 波長が短くなるにつれてスペクトルの現れる位置間隔がつまっている (図 4.2 参照).

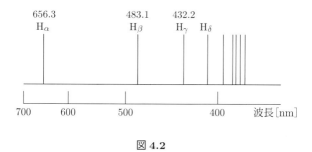

図 4.2

これらのスペクトルを H_α, H_β, H_γ, H_δ と呼ぶ. これが水素スペクトルの可視部のスペクトルであるが, H_δ は強度が小なため, この実験では視認できない. この 4 本の可視スペクトル群を発見者の名前をとって Balmer 系列という (図 4.7 参照).

これらのスペクトルの波長 λ_n とその配列について, 次式のような関係があることが, その後 Rydberg によって導かれたのである.

$$\frac{1}{\lambda_n} = R\left(\frac{1}{2^2} - \frac{1}{n^2}\right) [\text{m}^{-1}] \qquad n = 3, 4, \cdots \tag{4.2}$$

次いで Lyman は

$$\frac{1}{\lambda_n} = R\left(\frac{1}{1^2} - \frac{1}{n^2}\right) \qquad n = 2, 3, 4, \cdots$$

なる式で表せるスペクトル系列が紫外部にあることを発見し, また Paschen は

$$\frac{1}{\lambda_n} = R\left(\frac{1}{3^2} - \frac{1}{n^2}\right) \qquad n = 4, 5, 6, \cdots$$

なる式で表せるスペクトル系列が赤外部にあることを発見した. これらをそれぞれ Lyman 系列, Paschen 系列という.

まとめていうと, 水素原子の線スペクトルは n_1 を $1, 2, 3, \cdots$ とし, n_2 をそれより大きい数として

$$\frac{1}{\lambda_n} = R\left(\frac{1}{n_1{}^2} - \frac{1}{n_2{}^2}\right) \tag{4.2}'$$

で表せる.

　この R を Rydberg 定数という. n は水素原子の軌道のエネルギー準位を表す量子数である (解説参照).

　実験では, 前述の回折格子を用いて, これらバルマー系列の**それぞれのスペクトルの波長を求める**. 次に (4.2) 式から **R の値を求める**. また **n と λ との関係をグラフにして**, 種々考察を行う.

(3) 装　　置

　分光計, 回折格子, カドミウム放電管 (Cd-lamp) とそのスターター, 水素放電管とその高電圧発生器.

注意1: 分光計はすでに調整されているから, 指導者の説明があるまで, いっさい手を触れてはいけない. 正しく調整しておかないと, 測定値に大きく影響する. 分光計の調整は, それ自体が1つの実験目的になるくらい重要なことである. しかしその方法は手数がかかる.

注意2: 回折格子も取り扱いはきわめて慎重を要する. 格子面は微細な構造であるから, 面を傷つけないよう十分な配慮が必要である. 直接指で面をはさんで持つようなことを, してはいけない.

---

(4) 実　　験

a. 格子定数の測定

1) Cd ランプをコリメータ⑨のスリット⑧の直前にもってきて点灯する (図 4.3 参照). 放電光がスリットに有効に入射するようにする. それには望遠鏡⑭を横にまわしておき, コリメータ⑨の筒軸上に目をおいて筒の中を肉眼で直接のぞきスリットを見て, 目は動かさずに共同者に Cd ランプの位置を少し左右に変えさせてみてスリットが最も明るくなるところをさがせばよい. これをおろそかにすると光の強度が不足となり, 以後の測定がしにくい. あとで行う水素スペクトルの場合とくにそうである. 光の強度を有効に利用するためには光源が常にスリットの正面に, かつスリットの近くにあることが大切である.

2) 回折格子㉔を分光計のステージ⑰の中央に置く. 格子板の格子面 (刻線のある面で, 文字が正しく見

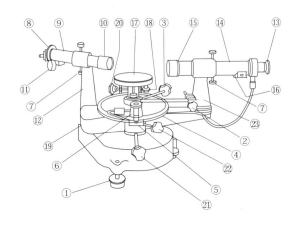

①	水平調節脚	⑬	接眼レンズ
②	ステージ微動回転ネジ	⑭	望遠鏡
③	ステージ微動用固定ネジ	⑮	対物レンズ
④	目盛円板	⑯	望遠鏡用ピニオン
⑤	バーニヤ	⑰	ステージ
⑥	ルーペ	⑱	ステージ調節ネジ
⑦	あおり角調節ネジ	⑲	平行おもり
⑧	スリット	⑳	ステージ固定ネジ
⑨	コリメータ	㉑	目盛円板固定ネジ
⑩	コリメータレンズ	㉒	望遠鏡固定ネジ
⑪	コリメータ用ピニオン	㉓	望遠鏡用支柱
⑫	コリメータ支柱		

図 4.3

える側) がコリメータ⑨から見て裏側になるように置く (図4.4).

3) 肉眼で格子を見て回折光を観察せよ. 中央に明るい像 (スリット) が見え, その左右に対称的に色づいたスペクトル線が見えるであろう. 中央の明るい像は回折せずに直接目に入るので, 光源と同じ色をしている. この像は回折はしていないが, 0次の回折光と呼ばれる.

4) 次に望遠鏡⑭をのぞいて接眼レンズ⑬を前後に動かして視野内の cross wire が鮮明に見えるようにせよ. もし暗くて見えないときには照明装置をつけてやれば明るくなり, cross wire を視認できる. cross wire を鮮明にしたら, 望遠鏡⑭をまわしてコリメータ⑨と一直線上になるようにもってきて (図4.4) 0次の像をとらえ, 今度はこれが鮮明に見えるように望遠鏡用ピニオン⑯を調節する. 次にスリット⑧の幅をスリットの横についているネジで調節して, 望遠鏡で見える像の幅を適当にせばめる. 像の幅をせばめると, 5) のステップで cross wire の交点とスペクトルの中心を正確にあわせられるが, 7) のステップで3次のスペクトルが暗くて見えにくくなる. したがって, 7) のステップで3次のスペクトルがみえる範囲で像の幅ができるだけ狭くなることが望ましい. もしうまくいかないときには教員に見てもらう.

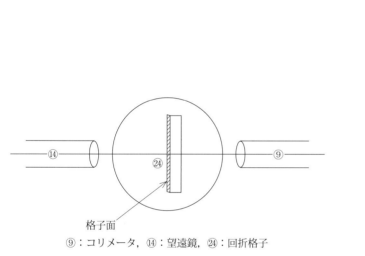

格子面
⑨：コリメータ, ⑭：望遠鏡, ㉔：回折格子

図 4.4

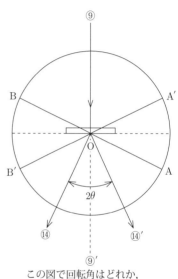

この図で回転角はどれか,
回折角はどれか指摘してみよ.

図 4.5

5) 望遠鏡を左にまわし, −1次のスペクトル群の中の赤色スペクトル線に cross wire の交点を正しく合わせて, そのときの2つのバーニャ⑤の読み (図4.5のA, B) を読む. 望遠鏡はステージ微動用固定ネジ③を締めてからステージ微動回転ネジ②をまわせば精密に左右に微動するようになっている. このとき, ㉑のネジを固定して, ㉒のネジはゆるめておくこと.

6) ステージ微動用固定ネジ③をゆるめ, 今度は望遠鏡を右にまわして +1次のスペクトル群の中の赤色スペクトル線に cross wire の交点を合わせ, バーニャ⑤の読み (図4.5のA′, B′) を読む. 副尺の読み方は31ページにある. わからなければ担当者に尋ねよ.

7) 以下同様にして, 左右の2次および3次の赤色スペクトル線に合わせたときの副尺の読みを読む. これらは各自1人1人が別々に行うことが望ましい. 以上により, ±1, ±2, ±3次の赤色スペクトル線に対する望遠鏡の回転角がそれぞれわかるから, 回折角もそれぞれ求められる. データの整理は表4.1のようにやればよいだろう.

表 4.1

カドミウムの赤色スペクトル線の次数 ($\pm m$)	観測者氏名	⑭の位置が左側のとき(マイナス次数)副尺A, Bの読み		⑭の位置が右側のとき(プラス次数)副尺A′, B′の読み		⑭の回転角 $2\theta_m$	⑭の回転角 $2\theta_m$	回折角 θ_m
		A	B	A′	B′	A〜A′	B〜B′	
±1 次		272°04′	92°07′	266°30′	86°30′	5°34′	5°37′	
±2 次		274°19′	94°03′	264°37′	84°37′	9°42′	9°26′	
±3 次		275°49′	95°59′	263°07′	83°07′	12°42′	12°52′	

注　意：表中の数値は実験に関係のない，全く任意の数値であることに注意．

　　　また，A〜A′，B〜B′ を計算するとき，副尺が 360° を超えて動く場合は計算に注意せよ．(単に引き算するだけではいけないことに注意せよ．)

8) カドミウムの赤色スペクトル線の波長は 643.8 nm であることがわかっているから，(4.1) 式に θ_1, θ_2, θ_3 を入れて，d_1, d_2, d_3 を算出し**平均値 $\overline{d}$ を求め，格子定数**とする．

9) 一方，横軸に m (次数) をとり，縦軸に $\sin\theta$ をとったグラフをつくり実験式を書き，傾きを求め，**グラフからも格子定数を求めよ**．

b.　水素スペクトルの波長測定

高電圧を扱うので注意を必ず守ること．

1) スペクトル管をスリットの直前に置き，スイッチを入れるとスペクトル管は赤色に発光する．水素の放電光である．

　　さて，光源が変わったので，また調整しなければならない．いったん回折格子を取り除いて a. の 1)〜6) の操作を行う．

2) a. の 5), 6) と同様な方法で水素の H_α 線 (赤色)，H_β 線 (青緑色)，H_γ 線 (紫色) の回折角を測定する．ただし，ここでは**1 次の回折角だけ測定**すればよい．すなわち −1 次，+1 次のスペクトル群の中の H_α, H_β, H_γ の各線を測定すればよい．データの整理は前と同様な欄をつくって書き入れるとよい．それぞれの回折角と前に求めた格子定数 $\overline{d}$ の値から，H_α 線，H_β 線，H_γ 線の波長 λ_α, λ_β, λ_γ を求めよ (H_δ は強度が小なため観測できないので考えなくてよい)．

c.　Rydberg 定数の計算

1) (4.2) 式の λ_n に上で得た λ_α, λ_β, λ_γ の各波長値を順に代入し，かつそれに従って n には λ_α に対して 3，λ_β に対して 4，λ_γ に対して 5 を代入して，それぞれの R の値を計算し，その**平均値 $\overline{R}$ を求めよ**．

2) 一方，横軸に $\dfrac{1}{n^2}$ を，縦軸に $\dfrac{1}{\lambda_n}$ をとったグラフを書き，実験式および傾きを求めよ．傾きは何を表すか．また，グラフの y 切片からは，何が求められるか考察せよ．

ヒント：(4.2) 式をグラフ化したものである．

(5) 解　説

一般に元素をガス状にして，2 個の電極とともにガラス管に封入し，電極間に高電圧をかけ放電させると発光する．この光を分光すると，いくつかの輝線スペクトルに分かれる．

スペクトルの波長 (色) と現れる配列は元素に固有で，ある一群のスペクトルの波長と配列が 1 つの関係式で表せる場合，この一群のスペクトルをスペクトル系列という．

水素のスペクトルの波長と配列の関係については，1885 年 Balmer が次のような簡単な式で示せることを発見するまで長い間わからなかった．

$$\lambda = 364.56 \frac{n^2}{n^2 - 4} \,[\text{nm}] \qquad n = 3, 4, 5, \cdots \tag{4.3}$$

すなわち，この式の n に $3, 4, \cdots$ などの整数を入れると λ_n は見事に H_α，H_β，H_γ，H_δ などの波長と一致するのである．この一群のスペクトルを Balmer 系列という (図 4.7 参照).

Balmer は水素以外の元素についても，これに相当する関係式を見出そうと努力したが，ついに得られなかった．しかしこのことは 1890 年 Rydberg[1] によってなされた．その一般式はここでは省略するとして，水素の場合に適用できる式は，

$$\frac{1}{\lambda} = 1.0973 \times 10^7 \left(\frac{1}{2^2} - \frac{1}{n^2} \right) \,[\text{m}^{-1}] \qquad n = 3, 4, 5, \cdots \tag{4.4}$$

である．

この $1.09737 \times 10^7 \,[\text{m}^{-1}]$ の値を Rydberg 定数といい，普通 R という文字で表す．

次いで Lyman (1906 年) は $\dfrac{1}{\lambda} = R \left(\dfrac{1}{1^2} - \dfrac{1}{n^2} \right)$ $(n = 2, 3, 4, \cdots)$ なる式で表されるスペクトル系列を紫外部に見出した．また Paschen (1908 年) は $\dfrac{1}{\lambda} = R \left(\dfrac{1}{3^2} - \dfrac{1}{n^2} \right)$ $(n = 4, 5, 6, \cdots)$ なる式で表される系列を赤外部に見出した．これらをそれぞれ Lyman 系列，Paschen 系列という．

以上の事柄は，実験的に得られたことであるが，これを理論的に導くことに成功したのは Bohr[2] であった．

1913 年 Bohr はまず Rutherford[3] の原子模型をその出発点にとった．すなわち原子はその質量のほとんどを占める重い核，また原子の正電荷のすべてをもつ核，その核を中心に 1 個または数個の負電荷の電子からなり，電子が核と電気的に引き合いながら，そのまわりをまわっているとした．

これに 2 つの仮定を加えて，水素のスペクトルを理論的に説明したのである．

仮定 1　電子はそのまわる軌道の長さ $2\pi r$ が電子の波長の整数倍であるような軌道だけを安定にまわる．この軌道上の回転では，エネルギーの放射は行われない．式で示せば

$$2\pi r = n \cdot \frac{h}{mv} \quad (\text{量子条件}) \tag{4.5}$$

この場合の波長はド・ブロイ波の波長である．n を量子数という．(運動量 mv の電子は $\dfrac{h}{mv}$ の波長をともなう．h：Planck 定数.)

$$h = 6.6256 \times 10^{-34} \,[\text{J} \cdot \text{s}]$$

仮定 2　エネルギーの大きい軌道 E_2 からエネルギーの小さな軌道 E_1 に飛び移るとき，電磁波の形でエネルギーの放出が起こり，逆の方向に飛び移るときは同じく電磁波の形でエネルギーの吸収が必要となる．

---

[1] Rydberg, スウェーデン, 1854〜1919.
[2] Bohr, デンマーク, 1885〜1962.
[3] Rutherford, イギリス, 1871〜1937.

この放出または吸収される放射エネルギーの振動数 ν は次式によって与えられる．

$$h\nu = E_2 - E_1 \quad （振動数条件） \tag{4.6}$$

いま電子のまわる軌道を半径 r の円軌道とすると

$$\frac{Ze^2}{4\pi\varepsilon_0 r^2} = \frac{mv^2}{r} \tag{4.7}$$

が成り立つ．ここで Z：原子番号，e：電子の電荷量，ε_0：真空の誘電率，r：軌道の半径，m：電子の質量，v：電子の速さ，である．左辺は原子核との間のクローン力であり，右辺は遠心力である．

ここで，仮定 1 を入れる．電子が安定にまわる量子数 n の軌道の半径を r_n とすると，(4.7) 式に対して (4.5) 式を考慮して

$$r_n = \frac{\varepsilon_0 h^2}{\pi Z m e^2} \cdot n^2 \quad (n = 1, 2, \cdots) \tag{4.8}$$

となる．その最小値は $n = 1$ に対するもので，水素原子に対し，$r_1 = \dfrac{\varepsilon_0 h^2}{\pi m e^2} = 0.0528\,[\mathrm{nm}]$ となる．これは Bohr の半径と呼ばれ，原子の大きさの目安を与えるものとしてよく用いられる．

その次の外側の軌道半径を r_2，そのまた外側の軌道の半径を r_3，$\cdots$ とすると

$$r_2 = r_1 \times 2^2, \quad r_3 = r_1 \times 3^2, \quad \cdots, \quad r_n = r_1 \times n^2$$

となり，軌道はとびとびに存在することになる．

電子の運動エネルギー E_k は $\dfrac{1}{2}mv^2$ でこれは (4.7) 式から $\dfrac{Ze^2}{8\pi\varepsilon_0 r}$ と書ける．

また電子は核のもつ正電荷 Ze による電場の中に存在するので，$-\dfrac{Ze^2}{4\pi\varepsilon_0 r}$ の位置エネルギー E_p を有している．電子が無限遠にあるときを基準 $(= 0)$ として (クローン力 × 距離) を無限遠から r の位置まで積分したものが位置エネルギー E_p であるから

$$E_\mathrm{p} = \int_\infty^r \frac{Ze^2}{4\pi\varepsilon_0 r^2}\,\mathrm{d}r = -\frac{Ze^2}{4\pi\varepsilon_0 r}$$

よって，電子のもつ全エネルギーは，

$$E_\mathrm{k} + E_\mathrm{p} = \frac{Ze^2}{8\pi\varepsilon_0 r} + \left(-\frac{Ze^2}{4\pi\varepsilon_0 r}\right) = -\frac{Ze^2}{8\pi\varepsilon_0 r}$$

であり，量子数が n の軌道の電子のもつエネルギーを E_n とすると，この式に (4.8) 式を入れて

$$E_n = -\frac{mZ^2 e^4}{8\varepsilon_0{}^2 h^2 n^2} \tag{4.9}$$

となる．振動数条件 (4.6) から水素の場合は

$$\nu = \frac{E_2 - E_1}{h} = \frac{1}{h}\left[-\frac{me^4}{8\varepsilon_0{}^2 h^2 n_2{}^2} - \left(-\frac{me^4}{8\varepsilon_0{}^2 h^2 n_1{}^2}\right)\right]$$

$$= \frac{me^4}{8\varepsilon_0{}^2 h^3}\left(\frac{1}{n_1{}^2} - \frac{1}{n_2{}^2}\right)$$

となり，波数 $\dfrac{1}{\lambda}\left(= \dfrac{\nu}{c}\right)$ を使って表すと

$$\frac{1}{\lambda} = \frac{me^4}{8\varepsilon_0{}^2 h^3 c}\left(\frac{1}{n_1{}^2} - \frac{1}{n_2{}^2}\right) \tag{4.10}$$

が得られる．これと (4.2)$'$ 式を比べると水素原子の Rydberg 定数 R は

$$R = \frac{me^4}{8\varepsilon_0{}^2 h^3 c} \tag{4.11}$$

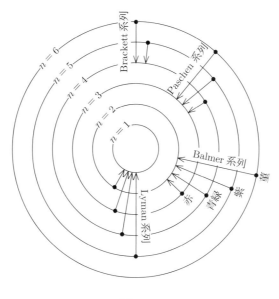

図 4.6

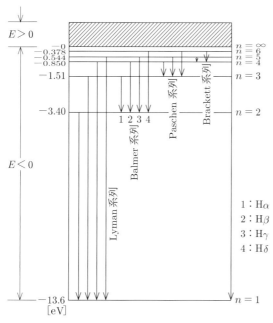

Balmer 系列のうち，Hα，Hβ，Hγ，Hδ
スペクトルだけが可視光領域にあるので
視認できるのである．

1：Hα
2：Hβ
3：Hγ
4：Hδ

図 4.7

で与えられることがわかる．

　右辺に数値を入れてみると R の実験値とよく一致することがわかるだろう．

　図 4.6 はおのおのの定常状態に対応する電子の軌道と各系列のスペクトルを出す電子の転移の関係を
示す．

　図 4.7 はエネルギー準位を階段的に図示したものである．

　特に $n=1$ は最低のエネルギー準位を与えるが，これに相当する定常状態を基底状態といい，$n \geqq 2$ の
エネルギーのより高い状態を励起状態という．

　$n \to \infty$ の状態は電子が無限遠の状態に相当し，このエネルギー E_∞ と基底状態のエネルギー E_1 の差

$$E_\infty - E_1 = 0 - \left(-\frac{me^4}{8\varepsilon_0^2 h^2} \right) = \frac{me^4}{8\varepsilon_0^2 h^2} = 2.18 \times 10^{-18}\,[\text{J}] = 13.6\,[\text{eV}] \tag{4.12}$$

が，すなわち水素原子の電離エネルギーである．

　図 4.7 で $E > 0$ は電子が無限遠で速度をもっている状態に相当し，これに対しては，電子のエネルギーはどんな値でも連続的にとりうる．通常の温度では気体原子内の電子は最もエネルギーの小さい基底状態にあるが，たとえば，放電管内で起こっているように電界で加速された電子によって衝突されると，その運動エネルギーの一部をもらって，高い準位に励起される．この準位からより低い準位に落ちるときに光を発する．原子による光の吸収の際には，電子は光のエネルギーをもらってより外側の軌道に移る．(4.6) 式によって，吸収光の振動数がちょうど $\dfrac{E_2 - E_1}{h}$ に等しいときに共鳴的によく吸収される．

　したがって吸収スペクトルにおける暗線はその原子の放出光の輝線と波長が一致するのである．

水素のスペクトル系列の発見者と年代およびその式

Balmer（スイス，1885）　　　$\dfrac{1}{\lambda} = R\left(\dfrac{1}{2^2} - \dfrac{1}{n^2}\right)$　　　$n = 3, 4, 5, \cdots$

Lyman（アメリカ，1906）　　$\dfrac{1}{\lambda} = R\left(\dfrac{1}{1^2} - \dfrac{1}{n^2}\right)$　　　$n = 2, 3, 4, \cdots$

Paschen（ドイツ，1908）　　$\dfrac{1}{\lambda} = R\left(\dfrac{1}{3^2} - \dfrac{1}{n^2}\right)$　　　$n = 4, 5, 6, \cdots$

Brackett（イギリス，1922）　$\dfrac{1}{\lambda} = R\left(\dfrac{1}{4^2} - \dfrac{1}{n^2}\right)$　　　$n = 5, 6, 7, \cdots$

課題**5** 電子の比電荷の測定

(1) 目　　的

　電磁気学の講義では，電荷が電場から受ける力や，電流が作る磁場，動く電荷が磁場から受ける力などについて学ぶが，日常生活で電荷や電場，磁場の働きを目に見ることはほとんどないといってよいだろう．しかし電磁気学の体系が目に見えないものを想像して作り上げられたかというとそうではない．今から200年近く前の1836年にイギリスの科学者ファラデーが真空放電の詳細な観察により気体放電研究の先鞭を付けたことに始まって，19世紀後半になると真空放電により電極から飛び出すものが「負の電荷を帯びた粒子」であると考えられるようになり「陰極線」と名付けられた．1878年にはクルックス (イギリス) はより真空度の高い放電管を作り，陰極線による羽根車の回転や，磁場によって陰極線が曲げられることを見出している．なお，現在でも放電真空管を「クルックス管」と呼んでいる．「電子 (electron)」という名称が使われ始めたのもこのころである．そして，1897年にJ. J. トムソン (イギリス) により陰極線が電場で偏向することが確かめられるとともに，電子の電荷 $-e$ と質量 m の比 $|-e/m|$ (比電荷) が初めて実測された．トムソンはこの業績によりノーベル賞を受賞している．

　本実験では，管球放電管を用いてその中での電子の流れを可視化し，ヘルムホルツコイルによってできた磁場によって電子の流れが変化することを観察する．そして電子銃の電場による電子の加速や，動く電子が磁場から力を受けることを定性的に理解した上で，磁場と電流の関係，磁場とビームの関係，加速電圧とビームの関係を定量的に測定して，電子の電荷の大きさと質量の比 (比電荷) の算出を行う．

(2) 比電荷算出の原理

　ヘルムホルツコイルによって作られた磁束密度 B の均一な磁場に，電荷 q をもつ質量 m の荷電粒子が速度 v で進入すると，荷電粒子は (5.1) 式で与えられるローレンツ力 F を受ける．

$$F = qv \times B \tag{5.1}$$

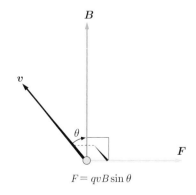

$$F = qvB\sin\theta$$

図 5.1　荷電粒子が磁場から受ける力 (図は $q > 0$ の場合)

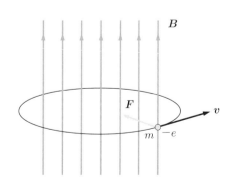

図 5.2　電子のサイクロトロン運動 (電荷は $-e$ で負)

ローレンツ力 F の方向は磁束密度 B の方向と荷電粒子の速度 v の方向に対して常に垂直だから，ローレンツ力 F は荷電粒子に対して仕事をしない．今，磁束密度 B の方向が z 軸方向でその大きさが B，荷電粒子の速度 v が x-y 面内にあってその大きさが v であったとすると，ローレンツ力の大きさ F は $F = |qvB|$ となる．したがって，粒子は x-y 面内で一定の速さ v で動きながら，常に進行方向と直角の横向きの力 F を受けて方向を変える．そのような運動は結局，向心力が F であるような x-y 面内の等速円運動である．このような運動をサイクロトロン運動と呼ぶ．

軌道半径が r，角速度 ω の円運動の向心力の大きさは $mr\omega^2$ であるので，それが $|qvB|$ と一致するということは，

$$mr\omega^2 = |qvB| \tag{5.2}$$

であり，$r\omega = v$ であることを使って変形すると，

$$\frac{mv^2}{r} = |qvB| \tag{5.3}$$

となる．

これより軌道半径 r は

$$r = \left| \frac{mv}{qB} \right| \tag{5.4}$$

となり，軌道半径 r と粒子の速さ v，磁束密度の大きさ B を知ることによって，荷電粒子の電荷 q と質量 m の比が，

$$\left| \frac{q}{m} \right| = \frac{v}{Br} \tag{5.5}$$

として求められる．本実験では，電子の電荷 $-e$ (e は正) と質量 m の比 (比電荷) を上の原理を利用して求める．

本実験では均一な磁場はヘルムホルツコイルによって発生させ，その磁束密度の大きさ B をガウスメーターによって実測し，理論式と比較する[1]．電子の軌道半径 r は，ヘリウムを減圧して封入した放電管で電子がヘリウムガスと衝突する際に発光し，直接視認できることを利用して実測する．

電子の速さ v は，放電管に内蔵されている電子銃の加速電圧によって制御される．加速電圧が V_e で表されるとき，電子の速さ v に関して

$$eV_e = \frac{1}{2}mv^2 \tag{5.6}$$

の関係式が成り立つ[2]．

したがって，(5.5) 式で荷電粒子の電荷 q を電子の電荷 $-e$ とした式と (5.6) 式より，

$$\frac{e}{m} = \frac{2V_e}{B^2 r^2} \tag{5.7}$$

となる．

(5.7) 式の右辺は以上よりすべて実測，あるいは計算できる値となっており，今回の実験ではこの式を利用して比電荷 $\frac{e}{m}$ を求める．

問題 1 磁束密度 B を一定にして加速電圧 V を 2 倍にすると，電子の軌道半径 r は何倍になるか．磁束密度 B を一定にして加速電圧 V を n 倍にすると，電子の軌道半径 r は何倍になるか．

問題 2 加速電圧 V を一定にして磁束密度 B を n 倍にすると，電子の軌道半径 r は何倍になるか．

---

[1] (4) 備考 a. 参照.
[2] (4) 備考 b. 参照.

問題 3 もし電子と同じ電荷 $-e$ をもち，質量が電子の質量 m の n 倍の粒子で同じような実験を行うと，その軌道半径は電子の軌道半径 r の何倍になるか．分子の質量を測定する質量分析器は，このことを利用している．

(3) 実　　験

a. 装置の構成

① 管球放電管

内部には希薄なヘリウムガスが封入されており，熱電子を放出して加速するための電子銃が備えられている．電子銃で加速された電子はヘリウムガスと衝突すると発光してその軌跡が可視化される．

② ヘルムホルツコイル

2つの大きなコイルを平行に設置したもので，これらのコイルの半径とコイル間の距離は等しくなっている．このコイルの間には均一性の高い磁場が形成される．

③ コイル電源端子

ヘルムホルツコイルに電流を流すための端子で，直流安定化電源をつなぐ．

④ コイル電流測定端子

ヘルムホルツコイルに流れる電流を測定するための端子であるが，本実験では直流安定化電源に電流が表示されるので，この端子は短絡させておく．

⑤ 加速電圧測定端子

放電管に備えられている電子銃の加速電圧を測定するための端子である．ここにテスターをつないで加速電圧を実測する．

⑥ 加速電圧可変つまみ

放電管に備えられている電子銃の加速電圧を調節するためのつまみ．

⑦ ヒューズ

何らかの原因で大電流が流れたときに，このヒューズが溶けて回路を切断する．

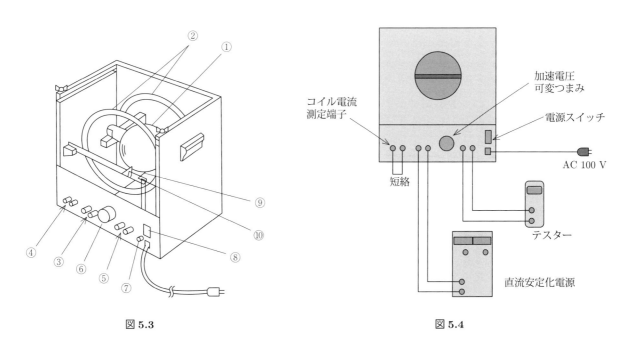

図 5.3　　　　　　　　　　　　　　　　　　　　図 5.4

⑧ 電源スイッチ

  電子銃に電源を供給するスイッチ.

  ヘルムホルツコイルへの電流の供給は，直流安定化電源のスイッチで ON/OFF する.

⑨ 電子ビーム直径測定指標

⑩ 目盛板

b. 実 験 操 作

  まず最初に装置の構造をよく観察し，各部の働きを理解せよ. 暗箱前面の加速電圧可変つまみが左に
いっぱい回してある (出力最小) ことと，直流安定化電源の出力が最小になっていることを確かめて，直流
安定化電源，テスターを暗箱の前面の端子に接続し，各装置の電源スイッチを入れる.

1) ヘルムホルツコイルが作る磁場の大きさは，コイルに流れる電流で決まるが，それは直流安定化電源
   が印加する電圧で調節される.

   まず装置の前面カバーを外し，直流安定化電源で適当な大きさ (1〜11 V) の直流電圧をコイルに印加
   する. そして，方位磁石をいろいろな位置にもっていき，磁針の向きがどのように変わるかを観察し
   なさい. 方位磁石の針の向きから磁束密度の方向はどのように読みとれるか？ また，ガウスメーター
   を使って，各位置での磁束密度の大きさ B も調べなさい. 磁束密度の方向と大きさの分布の様子を大
   まかな図に書いてレポートに示しなさい.

   次に，ガウスメーターの先端を管球の正面ギリギリのところにもっていき，コイルに印加する電圧 V_c
   を 1〜11 V まで 1 V ずつ変化させたときの磁束密度の大きさ B_m を測定しなさい. 表5.1 のような表
   を作ってコイルに印加した電圧 V_c，コイルを流れた電流 I_c，磁束密度の大きさ B_m をまとめ，電流 I_c
   に対する磁束密度の大きさ B_m のグラフを書き，(5.8) 式から得られる理論値 B_t と比較しなさい.

表 5.1

コイルに印加した電圧 V_c [V]	コイルを流れた電流 I_c [A]	磁束密度の大きさ B_m [T] (管球正面の実測値)	磁束密度の大きさ B_t [T] ((5.8) 式による理論値)
1			
2			
3			
⋮			
11			

2) 暗箱の加速電圧可変つまみを回して電子銃にかかる加速電圧 V_e を適当な大きさ (150〜300 V) に保
   ち[3]，安定化電源でコイルを流れる電流 I_c を変える[4]. このとき放電管内で流れる電子の軌跡を観察
   しなさい. 電流の大きさに応じて軌跡はどのように変化するか？

3) 表5.2 のように，まず，コイルを流れる電流 I_c を 1.1 A に固定し，加速電圧 V_e を 120〜300 V まで 30 V
   ずつ変化させた時の電子の軌道半径 r を測定しなさい. 電子の軌道半径 r を測定するには，暗箱の目
   盛板の指標を 0 に合わせておき，眼と指標，電子銃が一直線になるところで目盛板を固定する. そし

---

  [3] 放電管の寿命は約 100 時間で，個々の管球によって，また，使用条件によっても変わる. 寿命を伸ばすために測定に必要なと
  き以外は，できるだけ加速電圧を低く (100 V 以下) すること.

  [4] コイルを流れる電流は 2 A を越えないように注意すること. そうでないとコイルを焼損することがあり危険である.

て，指標を移動させて目盛を読めば，電子の軌道の直径 $2r$ がわかる．次に，コイルを流れる電流 I_c を 1.9 A まで 0.2 A ずつ上げていき，各電流値について上記と同様の測定を行いなさい．以上ができたら，比電荷 $\dfrac{e}{m}$ を実測の磁束密度 B_m と (5.8) 式から得られる理論値 B_t を用いた場合それぞれについて求め，比較しなさい．

このようにして得られた，コイルを流れる各電流 I_c における加速電圧 V_e と軌道半径 r の関係，各加速電圧 V_e におけるコイル電流 I_c と軌道半径 r の関係はどのように理解できるか．(5.1)～(5.8) 式から関係のあるものを選んで考察しなさい．

表5.2

コイル電流 I_c [A]	加速電圧 V_e [V]	軌道半径 r [cm] または [mm]	磁束密度 (実測値) B_m [T]	磁束密度 (理論値) B_t [T]	比電荷 [C/kg] (実測値 B_m による)	比電荷 [C/kg] (理論値 B_t による)
1.1	120					
	150					
	180					
	…					
	300					
1.3	120					
	150					
	180					
	…					
	300					
1.5	120					
	150					
	180					
	…					
	300					
1.7	…					
1.9	…					

(4) 備　考

a. ヘルムホルツコイルにより作られる磁場

ヘルムホルツコイルでは，等しい半径 R をもった2つの円形コイルが，半径と同じ間隔で保持されている．この2つのコイルに，同じ向きに大きさの等しい電流 I [A] を流すと，コイルの間にほぼ一様な磁場が生じる．磁場の強さは磁束密度 B [T] で表すが，テスラという単位は，$1\,[\mathrm{T}] = 1\,[\mathrm{kg/As^2}] = 1\,[\mathrm{N/Am}]$ である．

結論を先に書いておくと，コイルを流れる電流が I [A] で，コイルの導線が n 回巻いてあるとき，真空管の中心での磁束密度 B は，

$$B = \left(\frac{2}{\sqrt{5}}\right)^3 \mu_0 \frac{nI}{R} \tag{5.8}$$

となる．ここで，$\mu_0 = 4\pi \times 10^{-7}\,[\mathrm{N/A^2}]$ は真空の透磁率という定数で，コイルの巻数 n とコイルの半径 R

は本機ではそれぞれ 130 と 0.15 m である.

これが成り立つことはビオ・サバール (Biot-Savart) の法則から以下のようにして理解できる[5]. ビオ・サバールの法則は, 導線の微小断片 $\mathrm{d}s$ に流れる電流 I が, その $\mathrm{d}s$ 部分から r の位置にできる磁場 $\mathrm{d}H$ を表す式で[6],

$$\mathrm{d}H = \frac{1}{4\pi r^2} I\,\mathrm{d}s \times \frac{r}{r} \tag{5.9}$$

と表される. 真空中では磁場 H と磁束密度 B の間には $B = \mu_0 H$ の関係がある.

導線全体が空間に作る磁場 (電流が作る磁場) を計算するには, 導線全体にわたってこの式を積分することになる.

この法則によれば, 電流 I が流れる半径 R のコイルの微小部分 $\mathrm{d}s$ が, コイルの中心 C を通る軸上の, 中心 C から $\frac{R}{2}$ だけ離れた点 O に作る磁束密度 $\mathrm{d}B$ は,

$$\mathrm{d}B = \frac{\mu_0}{4\pi r^2} I\,\mathrm{d}s \times \frac{r}{r} = \frac{\mu_0}{4\pi \left(R^2 + \left(\frac{R}{2}\right)^2\right)} I\,\mathrm{d}s \times \frac{r}{r}$$

$$= \frac{\mu_0}{5\pi R^2} I\,\mathrm{d}s \times \frac{r}{r} \tag{5.10}$$

となる.

$\mathrm{d}B$ の方向は $\mathrm{d}s \times \frac{r}{r}$ の方向であるが, それは C と O を結んだ軸方向 (単位ベクトル i の方向) とそれに垂直な方向の成分をもつ. しかし, 垂直方向の成分は $\mathrm{d}s$ について 1 周積分するとすべて打ち消しあうので, 残るのは i の方向の成分だけである. このことは対称性を考えてみてもすぐにわかるだろう. そこで, $\mathrm{d}B$ の i 方向の成分を $\mathrm{d}B_i$ と書くと, それは,

$$dB_i = \left(\frac{\mu_0}{5\pi R^2} I\,\mathrm{d}s \times \frac{r}{r}\right) \cdot i \tag{5.11}$$

ところで, $\mathrm{d}s$ と r は直交し, $\mathrm{d}s \times \frac{r}{r}$ と i のなす角 α について幾何学的に考えると, $\cos\alpha = \frac{2}{\sqrt{5}}$ である. そして, $\mathrm{d}s = R\,\mathrm{d}\theta$ であることをあわせると, $\mathrm{d}B_i$ は下のように表される.

$$\mathrm{d}B_i = \frac{\mu_0 I}{5\pi R^2} R\,\mathrm{d}\theta \frac{2}{\sqrt{5}} = \frac{2\mu_0 I}{5\sqrt{5}R\pi}\,\mathrm{d}\theta \tag{5.12}$$

コイル全体からの寄与を計算するには θ を 0 から 2π まで積分すればよいので,

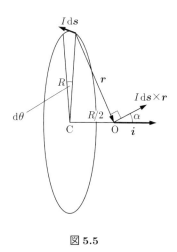

図 5.5

---

[5] 以下の議論は初学者にはやや難しいかも知れない. すぐにわからなくても焦る必要はない.
[6] 「a. ヘルムホルツコイルにより作られる磁場」で r と r は, 電子の軌道半径 r とは違うことに注意すること.

$$B_i = \int dB_i = \int_0^{2\pi} \frac{2\mu_0 I}{5\sqrt{5}R\pi}\, d\theta = \frac{4}{5\sqrt{5}}\frac{\mu_0 I}{R} \tag{5.13}$$

ヘルムホルツコイルでは，コイルは2個あり，それぞれがn巻きであることから，2つのヘルムホルツコイルの真ん中にできる磁束密度は，

$$B = 2nB_i = 2n\frac{4}{5\sqrt{5}}\frac{\mu_0 I}{R} = \frac{8}{5\sqrt{5}}\frac{n\mu_0 I}{R} = \left(\frac{2}{\sqrt{5}}\right)^3 \mu_0 \frac{nI}{R} \tag{5.14}$$

となる．

b. 電子銃による電子の加速

電子銃はプレートP，カソードKおよびヒーターHから構成されており，ヒーターでカソード(陽極)を加熱することで放出された熱電子をプレート(アノード，陰極とも呼ぶ)間の電圧V_eで加速する．この加速電圧V_eはさまざまな値に調節できるようになっている．

このとき電子が得るエネルギーが運動エネルギーになるので，電子の速さvに関して

$$eV_e = \frac{1}{2}mv^2 \tag{5.6}$$

となる．

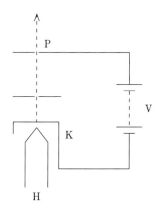

図 **5.6** 電子銃

課題 *6*　回折と干渉

(1)　目　　的

　光の**波動性**の中で重要な性質は**回折**と**干渉**である．レーザーのようなコヒーレントな，つまり波長，方向，位相と偏光状態がそろった光を細い線に当てたり，マイケルソン干渉計に用いた実験から，回折と干渉現象を理解する．

> 注　意：レーザー光を直接のぞく (光線を目に入れる) と，**失明する危険があるので注意！** ただ，
> 壁や衝立等による反射光は問題ない．

(2)　原　　理

a.　細い線による回折と干渉

　図 6.1 のように平面波が左から右へ進んでいき，これを壁 AB でさえぎる．すると AB の陰にあたる C 点より内側の P 点でも波を観測することができる．このような波の回り込みは回折と呼ばれる．回折現象は直感的にはホイヘンスの原理で理解できる．すなわち，波頭の各部分で同心円状の素元波 (2 次波) が発生すると考えると，次の波頭はこの素元波の重ね合わせで表わせるので，図 6.1 のような壁を回り込む波が生じる (図 6.1 では見やすいように一部の素元波のみ示した)．

　回折現象には大きく分けて，フレネル回折とフラウンホーファー回折の 2 つがある．前者は光源と観測点が有限距離の場合で，後者は平行光線の回折を無限遠方で観測することに対応する．ただ，ここでいう無限遠方とは距離が波長に比べて十分に大きいという意味である．したがって，この実験では**フラウンホーファー回折**で取り扱う．

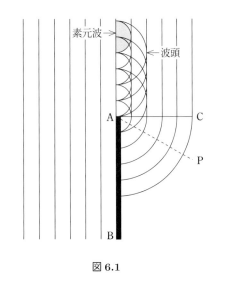

図 6.1

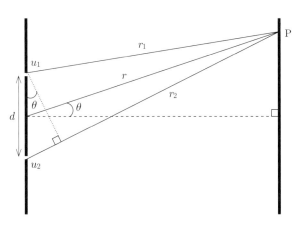

図 6.2

まず最も有名な複スリット実験 (ヤングの実験) で光の干渉の例を示そう．図 6.2 において，左から入射してきた波長 λ のレーザー光が，間隔 d で存在する 2 つの隙間 (スリット) に同時に当たるようにする (回折現象を利用する)．このとき，各スリットの幅 a は十分に小さく，間隔 d は a より十分に大きいとする ($a < 100\lambda$ 程度，かつ $d \gg a$)．この 2 つのスリットから来る光の波の，距離 r だけ離れたスクリーン面上での干渉を考えてみよう．同位相なので位相の項を 0 として，2 つの波は

$$u_1(\mathrm{P}) = a \cos\left(kr_1 - \omega t\right) \tag{6.1}$$

$$u_2(\mathrm{P}) = a \cos\left(kr_2 - \omega t\right) \tag{6.2}$$

のように書くことができる．ここで k は波数，ω は角振動数である．この 2 つの波を合成すると

$$u(\mathrm{P}) = u_1(\mathrm{P}) + u_2(\mathrm{P}) = A \cos\left(\frac{k}{2}r - \omega t\right) \tag{6.3}$$

ここで

$$A = 2a \cos\frac{k}{2}(r_1 - r_2), \quad r = r_1 + r_2 \tag{6.4}$$

図 6.2 のように 2 つのスリットの中点からスクリーン上の P までの距離を r とし，θ を図のようにとると，

$$r_1 = \sqrt{r^2 + \left(\frac{d}{2}\right)^2 - rd \sin\theta} \tag{6.5}$$

$$r_2 = \sqrt{r^2 + \left(\frac{d}{2}\right)^2 + rd \sin\theta} \tag{6.6}$$

$r \gg d$ とすれば (6.5), (6.6) 式から $x \ll 1$ のときの $\sqrt{1 + x} \approx 1 + \dfrac{x}{2}$ の近似を用いて，

$$r_2 - r_1 = d \sin\theta \tag{6.7}$$

したがって，光の強度は

$$A^2 = \left(2a \cos\left(\frac{1}{2}kd \sin\theta\right)\right)^2 \tag{6.8}$$

であり，

$$d \sin\theta = m\lambda \quad (m \text{ は整数}) \tag{6.9}$$

で強め合い，

$$d \sin\theta = \left(m + \frac{1}{2}\right)\lambda \tag{6.10a}$$

で打ち消し合う．$r \gg d$ なので，$\sin\theta \cong \theta$ でスクリーン上に等間隔で点線が観測される．

次に 2 つのスリットの外側の壁を取り除いた場合を考えてみよう．これは図 6.3 のように幅 d の細い線にレーザー光を当てることに対応する．このような場合でも回折による干渉縞が生じる．すなわち，細い線の上から回り込んだ光と下から回り込んだ光が，回折によって縞模様をつくる．ただし，先程と異なり，回り込んでくる光に幅があるので，そのすべての波を合成しなければならない．その光の強度の計算や強め合いの条件は複雑なため "(3) 解説" で述べるが，打ち消し合う条件は簡単な式で，

$$d \sin\theta = m\lambda \quad (m = \pm 1, \pm 2, \cdots) \tag{6.10b}$$

となる．複スリットの (6.10a) とは条件が異なっていることに注意したい．実験 2, 3 ではこの (6.10b) 式を利用する．

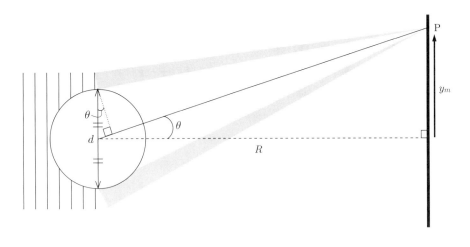

図 6.3

b. マイケルソン干渉計

　入射光が広がりをもつような場合でも干渉現象を見ることができる．この場合，入射角が等しい光が重なり合って干渉を起こすので**等傾角干渉**という．マイケルソン干渉計ではこれにより同心円の干渉縞が観測される．

　マイケルソン干渉計の構造は図 6.4 のようになっている．マイケルソン干渉計をよく観察してその構造を理解する．図 6.4 で光源 L からの光は平行平面ガラス板 B に当たる．B 板の光の当たる面 F には，ごくうすく金属膜が蒸着されていて，当たった光のうちの半分を透過し半分を反射するようになっている．このような B 板をスプリッターという．

　透過光と反射光の前方には，それぞれ鏡 M_1 と鏡 M_2 が置かれている．M_1, M_2 とも表面がめっきされた表面反射鏡で，M_1 は固定されているが，M_2 の方は C 板とともに移動台の上にのっていて，干渉計の手前の回転ダイヤル D をまわすと，まわす方向によって，移動台が精密に前後に動くようになっている（この動きはきわめて微小量であるから，目で見ていてもわからない）．また固定鏡 M_1 の背面にある 2 個のねじは，M_1 面を移動鏡 M_2 面に対して直角にするように調整するためのものである．（ごくわずかまわすだけで，その効果はきわめて大きく現れるから，取り扱いはきわめて慎重を要し，このねじの調整は，この実験でいちばんデリケートなところである．ほんの少しずつ静かにまわすこと．）

　C 板は，スプリッターで透過と反射に分かれた 2 つの光の道のりを相等しくするためのものである．もしこれがないと，透過光が，M_1 に進み，反射して F 面に戻り，F で反射して E に向かうまでにガラスの中を合計 3 回通るのに対し，F 面で反射して M_2 に進み，M_2 で反射して E に向かう光は，B ガラスの中を 1 回しか通らないので，これを補正するため，M_2 の手前に B 板と同質，同厚の C 板を置くのである．さて E に達する光は，いずれも同一光源から出た光で，ただ道のりが違うだけなので干渉縞をつくる．

　F 面による鏡 M_1 の反射像を M_1' とすると（図 6.5），光路 $OQBE_1$ は光路 $OQ'BE_1$ に等しいから，$OQBE_1$ を $OQ'BE_1$ におきかえることができる．したがって，E_1 と E_2 の光の干渉は，M_2 と M_1' ではさまれた厚さ d の空気層の表面と裏面による干渉と同じものになる．Q で反射するとき，位相は π だけ変わっているから，もし，M_1' が M_2 と一致しているときは（$d = 0$ のとき）干渉光の強さは極小となり，E のところで暗くなるであろう．

　空気層の厚さ d は移動鏡 M_2 を前後に動かすことにより可変であり，M_1' を M_2 に平行にすることは M_1 の背面の 2 個のねじにより可能であるから，M_2 と M_1 が距離 d で平行になったとき干渉が起こり，干渉

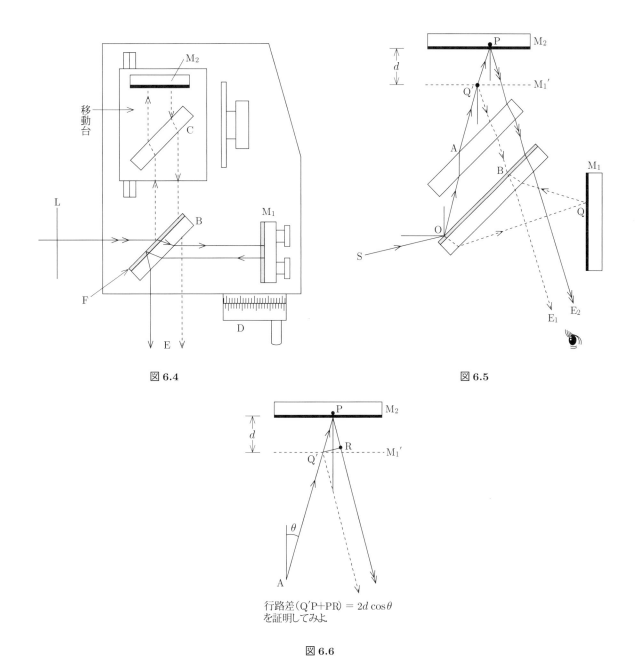

図 6.4

図 6.5

行路差(Q′P+PR) = $2d\cos\theta$
を証明してみよ

図 6.6

縞は，同心円状の多数の円環群の縞模様となる．図 6.6 から，2 つの光の行路差は Q′P + PR = $2d\cos\theta$ であるが，前に述べたように一方の光は位相が π だけ違っているから真の行路差は $2d\cos\theta + \dfrac{\lambda}{2}$ となる．よって干渉の結果，強さが極大となって明るい縞をつくる条件は $2d\cos\theta + \dfrac{\lambda}{2} = 2m\dfrac{\lambda}{2}$ のときであり，暗い縞をつくるのは，$2d\cos\theta + \dfrac{\lambda}{2} = (2m+1)\dfrac{\lambda}{2}$ のときである (m は干渉縞の次数で整数). すなわち，$2d\cos\theta = m\lambda$ で決まる θ の方向には暗い環状の縞が生ずる．

上式から d が減少すると θ は小となるから，円環の半径は小さくなり，模様としては，すべての円環群が中心に向かって，縮んでいくように見え，最も中心に近い環は吸い込まれるように消えてしまう．逆に d が増すときは，円環群は外の方に向かって広がるように見え，中心から環が湧き出すように見える．

入射角 θ が小のときは

$$2d \cong m\lambda \tag{6.11}$$

この式から M_2 が $\dfrac{\lambda}{2}$ の長さ動くごとに干渉縞の次数が 1 つ変わることになる．(円環群のそれぞれがすぐ 1 つ隣の位置に移動するように見え，全体として中心に向かって縮むように見えるか，外に向かって広がるように見える．)

実験 1　マイケルソン干渉計を用いてレーザー光の波長を求める

　実験器具：レーザー光源，エキスパンダー，マイケルソン干渉計，衝立 (箱)

a.　干渉計の調整

　干渉計の光学素子面 (ガラス板と鏡) には，絶対手を触れてはいけない．指紋やほこり，傷などから，常に守られていなければいけない．

1) 机上の説明図に指示されているように干渉計の移動台を位置づけよ．次にレーザー発振器を，そのスイッチが OFF になっていることを確かめてから，電源コンセントにつなぐ．レーザー管の高さ，方向を干渉計に合わせ，その方向に人がいないことを確かめてから，スイッチを ON にし，ビームを直接干渉計のスプリッター B を通して M_1 鏡の中心部に当てる．次にその反射ビームがきた道を戻ってレーザー管の開口孔に当たるようにする (開口孔の近くに赤いスポットが写るようにすればよい) (図 6.7 参照)．それには，レーザー管の高さや向きをいろいろ調節する．これは，ビームに対して M_1 鏡を垂直にするためである．

2) 衝立の位置においてある白い紙に赤いスポットが複数個写るであろう．M_1 鏡の背後に立って，このスポットに注目しながら，M_1 鏡の背面の 2 個のねじを両手で注意深く，少しずつまわして，スポッ

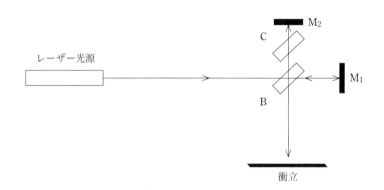

図 6.7

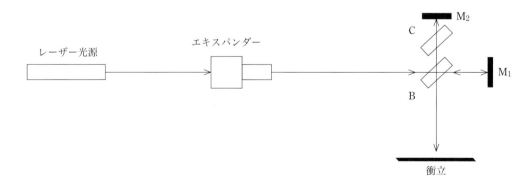

図 6.8

トを 1 つに重ねる．このねじは M_1 鏡を上下左右に傾ける作用をするものであるが，前述したように，このわずかな傾きは結果に大きな変化を与えるから，今後もこのねじの取り扱いは慎重を要する．1 つに重なったら次の実験に移る．

b. レーザーの波長を求める

1) レーザーとスプリッター B の間 (B から約 20 cm 前) にエキスパンダーを置く．エキスパンダーの高さ，方向をいろいろ調節して，拡大された光束が B の全面に当たるようにする．

2) 衝立 (箱) の白紙上に，あざやかな赤い円環群の縞模様が現れる．これが等傾角干渉の縞である．もし現れないときは M_1 鏡の背面の 2 個のねじをほんの少しずつ，ゆっくりと調整する．

3) 干渉計のダイヤルを静かにまわすと縞模様が変化する．bull's eye (円環群の中心) 吸い込み (または湧き出し) の瞬間のダイヤルの目盛を読んで x_0 とする．

4) 引き続きダイヤルをまわしていき，bull's eye が 10 個吸い込み (または湧き出し) するごとにダイヤルの目盛を読んで $x_1, x_2, x_3, \cdots, x_9$ と計 10 個記録する．

表 6.1

bull's eye の数	0	10	20	30	40	50	60	70	80	90
x_i	8.1	15.1	22.7	30.0	37.2	44.6	51.1	58.7	65.5	72.2

bull's eye の数 (横軸) と目盛 x_i (縦軸) の関係をグラフに書く．

5) bull's eye が 10 個吸い込み (または湧き出し) するとき，ダイヤルの目盛はどれだけ変化するか，平均値 X と平均 2 乗誤差を表 6.2 のように求める．

表 6.2

x_i	x_{i+5}	$x_{i+5} - x_i$	Δx_i	$v_i = \Delta x_i - X$	$v_i{}^2$
8.1	44.6	36.5	7.30	0.14	0.0196
15.1	51.1	36.0	7.20	0.04	0.0016
22.7	58.7	36.0	7.20	0.04	0.0016
30.0	65.5	35.5	7.10	-0.06	0.0036
37.2	72.2	35.0	7.00	-0.16	0.0256
			$X = 7.16$	$\sum v_i = 0.0$	$\sum v_i{}^2 = 0.052$

$$X \text{ の平均 2 乗誤差} \quad \sigma_X = \sqrt{\frac{0.052}{5 \times 4}} = 0.051$$

したがって，平均値 $X = 7.16 \pm 0.05$ (目盛)．そして，bull's eye が 1 個吸い込み (または湧き出し) するごとに，M_2 鏡は前に述べたように $\pm \dfrac{\lambda}{2}$ [nm] 動いている．いまダイヤル 1 目盛あたり，M_2 鏡が d' [nm] 動くとすれば，X 目盛まわると M_2 鏡は $d'X$ [nm] 動くことになるので，求めるレーザー光の波長は

$$\lambda = \frac{2X}{10} d' = \frac{2 \times 7.16 \times 428}{10} = 613 \, [\text{nm}]$$

d' [nm/目盛] は干渉計ダイヤル定数で,それぞれの干渉計の数値を使用する.ここでは $d' = 428$ [nm/目盛] とした.そして,誤差 $\Delta\lambda$ を計算してみよう.

$$\Delta\lambda = \frac{\sigma_X}{X}\lambda = \frac{0.05}{7.16}\cdot 613 = 4 \,[\text{nm}]$$

したがって,求めるレーザーの波長 λ は

$$\lambda = 613 \pm 4 \,[\text{nm}]$$

となる.

実験 2   細い線の回折像からその直径を求める

実験器具:レーザー光源,細い線が張られた枠,スクリーン (衝立または壁),メジャー

レーザー光を約 2 m 隔てた壁または衝立のスクリーン上に直接当てる.次に図 6.9 のように (光源とスクリーンと間の) レーザー光の通過する位置に細い線を置く (スクリーンから約 1 m くらいで,この距離を R とする).このとき,細い線が明るく照らされるようにする.すると,スクリーン上に細い線による (点線状の) 回折像が現れる.細い線を置く位置は回折像ができるだけ明瞭に見えるように調節するとよい.

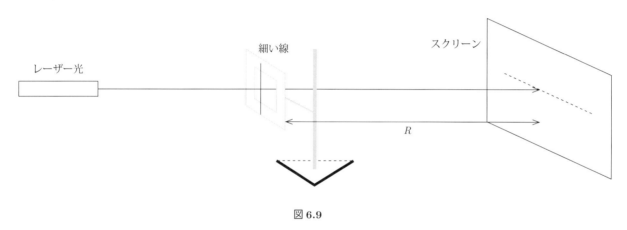

図 6.9

回折像は図 6.10 のように,スクリーン上で中心に明るさが極大を示す点が観測され,その両側に明るい点がほぼ等間隔に横一列になって見える.回折像を見て気がつくように,明るい点と明るい点の間の暗部の方が比較的測定しやすいので,暗部の (中央) 位置を測定しよう (実際のところ,明るさが極大になる条件は “(3) 解説” で示すように少々複雑である).

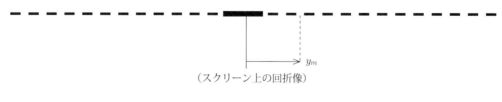

(スクリーン上の回折像)

図 6.10

この暗部の位置は前に (6.10b) 式に示した通りだが,回折像の中央付近では $\sin\theta \cong \theta$ なので

$$\frac{y_m}{R} = m\frac{\lambda}{d} \tag{6.12}$$

y_m は中央部からの暗部までの距離で,スクリーン上では $R\dfrac{\lambda}{d}$ 間隔の暗部が現れる.

1) 測定は壁または衝立に方眼紙を貼って，中央部と暗部 ($m = 1, 2, 3, \cdots$ 見えるところまで) にしるしをつける.

このときレーザー光を直接見るな！

2) しるしをつけた紙面上で y_m を測り，表 6.3 のような表をつくる.

表 6.3

m	1	2	3	4	5	6	7	8
y_m [mm]								

3) 横軸に m，縦軸に y_m をとり，グラフに書く．傾き y_m/m をだし，

$$d = \lambda R \frac{m}{y_m} \tag{6.13}$$

から細い線の直径 d を求める. (たとえば，$\lambda = 613\,\text{nm}$ (実験 1 で求めた数値)，$R = 1.40\,\text{m}$ とした場合を以下に示す)

$$d = \frac{613 \times 10^{-9} \times 1.40}{y_m \times 10^{-3}/m}\ [\text{m}]$$

実験 3　自分で選んだ試料 (髪の毛など) の太さを測る (ただし，0.5 mm 以下のもの)

まず細い線が取り付けられた枠に試料をセロテープで固定する．以下は実験 2 で行った方法と全く同じである．グラフは実験 2 と同じ座標に書く.

表 6.4

(例)

m	1	2	3	4	5	6	7
y_m [mm]	7.0	14.0	21.5	29.0	36.0	43.0	51.0

ここでは平均 2 乗誤差も計算してみよう．たとえば

表 6.5

y_m [mm]	y_{m+3}	$y_{m+3} - y_m$	Δy_m	$v_m = \Delta y_m - Y$	$v_m{}^2$
14.0	36.0	22.0	7.33	0.05	0.0025
21.5	43.0	21.5	7.17	-0.11	0.0121
29.0	51.0	22.0	7.33	0.05	0.0025
			$Y = 7.28$	$v_m = -0.01$	0.0171

$$\text{平均 2 乗誤差}\quad \sigma_Y = \sqrt{\frac{0.0171}{3 \times 2}} = 0.05$$

レーザーの波長 λ を 630 nm，距離 R を 1.60 m とすれば，

$$d = \frac{630 \times 10^{-9} \times 1.60}{7.28 \times 10^{-3}} = 140 \times 10^{-6}\,[\mathrm{m}]$$

直径の誤差 Δd は誤差 σ_Y と $\Delta\lambda$ からの誤差の伝播を考えて

$$\Delta d = \left(\frac{0.05}{7.28} + \frac{4}{630} \right) \times 140 \times 10^{-6} = 1.8 \times 10^{-6}\,[\mathrm{m}]$$

測った試料は？   その太さ (直径) は？

<u>自分の毛髪</u>   <u>$140 \pm 2\,[\mu\mathrm{m}]$</u>

ここで $\mu\mathrm{m} = 10^{-6}\,\mathrm{m}$

レポートの内容は次のようにせよ．

(1) 目的・原理・方法

(2) 結果，まとめと設問の答 (指導書中の (データと結果用紙)2 枚へ記入)

(3) グラフ 2 枚 (実験 1 と実験 2，3)

(4) 考察と感想 (A4 判 1 枚)

(3) 解説：細い線による回折像の暗点条件

本節では，細い線の回折像についての暗点条件の (6.10b) 式を導出する．実験 2，3 で用いる (6.12) 式はこの式を近似的に書き替えたものである．まず導出の準備として (i) 単スリットによるレーザー光の散乱について調べ，その後に (ii) 細線によるレーザー光の散乱についての公式を導出する．のちほど見るように，(i) と (ii) における回折光の像はほぼ同様となる．

(i) スリットによるレーザー光の散乱

まず，図 6.11 (i) のように幅 d のスリットにレーザー光を当てた場合を考え，R だけ離れた位置にあるスクリーン上にどのような像が結ばれるかを調べる．このとき，スリット開口部上のすべての点から回折光 (素元波) が発生してスクリーン方向へ飛んでいき，スクリーン上ではそれらすべてを重ね合わせたものが観測される．以下では，レーザー光の中心を原点として垂直方向に y 軸をとり，スクリーン上の位置 y_m の点に届く光に注目して計算を進める．

回折光の重ね合わせを考えるのに先立ち，スリット上の位置 y の点からスクリーン上の位置 y_m の点に

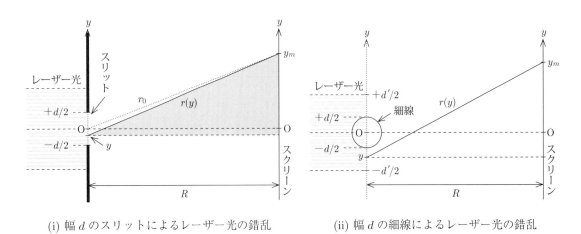

(i) 幅 d のスリットによるレーザー光の錯乱   (ii) 幅 d の細線によるレーザー光の錯乱

図 **6.11**

飛んでいく光線 (図 6.11 (i) の実線) に注目する．ここで，スクリーン上の原点から現在注目している点までの距離 $|y_m|$ は，スリット幅 d よりも十分大きく，スリットからスクリーンまでの距離 R よりは十分小さいものとする．すなわち，

$$|y| \leqq \frac{d}{2} \ll |y_m| \ll R \tag{6.14}$$

このとき，上記の光線の経路長 $r(y)$ は，図 6.11 (i) の三角形の部分 (灰色) に注目すると，

$$r(y) = \sqrt{R^2 + (y_m - y)^2} \approx \sqrt{R^2 + {y_m}^2} \sqrt{1 - \frac{2 y_m y}{R^2 + {y_m}^2}} \approx r_0 \left(1 - \frac{y_m}{{r_0}^2} y \right)$$

と表される．ただし，$r_0 = \sqrt{R^2 + {y_m}^2}$ はスリットの中央 (原点) からスクリーン上の点 y_m までの距離である．また，途中計算では y^2 に比例する微小項を無視したほか，近似式 $\sqrt{1 + x} \approx 1 + \frac{1}{2} x$ $(|x| \ll 1)$ を用いた．レーザー光の位相はスリット上全体でそろっているので，スクリーン上の点 y_m における光の波動 $u(y)$ は，

$$u(y) = a \cos (k r(y) - \omega t) \tag{6.15}$$

と $r(y)$ を用いて表せる．この式の a は波動の振幅，$k = \dfrac{2\pi}{\lambda}$ は波数 (λ は波長)，ω は振動数で，レーザー光源の性能で決まる定数である．t は時間で，$r(y)$，t が変化するにつれて波動 $u(y)$ は振動する．

先述の通り，スクリーン上の点 y_m ではスリット上のすべての点から発生した回折光が届いて重ね合わせられる．したがって，この点における波動の合計値 U は，(6.15) 式の $u(y)$ をスリット全体 $\left(-\dfrac{d}{2} \leqq y \leqq \dfrac{d}{2} \right)$ にわたって積分することで得られ，

$$\begin{aligned} U &= \int_{-\frac{d}{2}}^{\frac{d}{2}} u(y)\,\mathrm{d}y = \int_{-\frac{d}{2}}^{\frac{d}{2}} a \cos \left(k r_0 \left(1 - \frac{y_m}{{r_0}^2} y \right) - \omega t \right) \mathrm{d}y \\ &= -\frac{r_0\, a}{k y_m} \left\{ \sin \left(-\frac{k y_m\, d}{2 r_0} + k r_0 - \omega t \right) - \sin \left(+\frac{k y_m\, d}{2 r_0} + k r_0 - \omega t \right) \right\} \\ &= -\frac{2 r_0\, a}{k y_m} \sin \left(\frac{k y_m\, d}{2 r_0} \right) \cos (k r_0 - \omega t). \end{aligned} \tag{6.16}$$

となる．なお，途中計算で公式 $\sin (\alpha + \beta) - \sin (\alpha - \beta) = 2 \cos \alpha \sin \beta$ を用いた．

ここで，スクリーン上の点 y_m における光線の強度 A^2 は，波動 U の係数部分を 2 乗したもので与えられる．すなわち，

$$A^2 = \left\{ \frac{2 r_0\, a}{k y_m} \sin \left(\frac{k y_m\, d}{2 r_0} \right) \right\}^2 \tag{6.17}$$

この強度 A^2 は注目するスクリーン上の位置 y_m に応じて変化する．(6.17) 式に出てくる sin の中身を $\widehat{y} = \dfrac{k d}{2 r_0} y_m$ と書くと $A^2 = a^2 d^2 \left(\dfrac{\sin \widehat{y}}{\widehat{y}} \right)^2$ と表わせるが，これは図 6.12 (i) のように $\widehat{y} = m\pi (m = \pm 1, \pm 2, \cdots)$ でゼロになり，その位置で回折像も暗くなる．この暗点の位置を与える条件式を $\widehat{y}$ の定義式や関係式 $k = \dfrac{2\pi}{\lambda}$ を使って書き直すと，

$$\widehat{y} = \frac{k d y_m}{2 r_0} = \frac{\pi d y_m}{\lambda r_0} = m\pi \iff \frac{y_m}{r_0} = m \frac{\lambda}{d} \quad (m = \pm 1, \pm 2, \cdots) \tag{6.18}$$

となる．この式に出てくる $r_0 = \sqrt{R^2 + {y_m}^2}$ は，スクリーンが十分に離れていて $|y_m| \ll R$ となる場合には $r_0 \approx R$ と書き換えられる．この式は実験テキストに出てくる暗点条件 (6.10b)，(6.12) 式と一致する (現在用いている近似の範囲では $\sin \theta \approx \dfrac{y_m}{r_0}$ などとなることに注意).

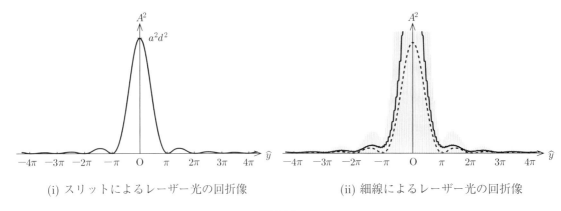

(i) スリットによるレーザー光の回折像　　　　(ii) 細線によるレーザー光の回折像

図 6.12

(ii)　細線によるレーザー光の散乱

前節では幅 d のスリットにレーザー光を当てた場合の回折光を扱ったが，本節では同じ幅 d の細線によってレーザー光が遮られている場合の回折像について調べる．ただし，レーザー光の幅 d' は細線の幅よりも大きく $(d' \gg d)$，y_m よりは十分小さい $(d' \gg y_m)$ とする (図 6.11 (ii) を参照のこと)．結論としては，前節で調べたスリットの場合も，本節で調べる細線の場合も，回折像はほぼ同様となる (この現象はバビネの原理という名で知られている)．

図 6.11 (ii) のような系を考えると，レーザー光が細線付近で回折してスクリーンに届く．前節ではスリット上のすべての点から回折光が生じたのと同様に，今回はレーザー光のうちスリットで隠されていない部分 $\left(-\dfrac{d'}{2} \leqq y \leqq \dfrac{d}{2}, \dfrac{d}{2} \leqq y \leqq \dfrac{d'}{2} \right)$ の全体から回折光が生じ，スクリーン上の位置 y_m における像はその回折光全体の重ね合わせとして与えられる．

スクリーン上の位置 y_m に届く回折光をすべて重ね合わせて得られる波動 U を前節の要領で求めてみる．スリット $\left(-\dfrac{d}{2} \leqq y \leqq \dfrac{d}{2} \right)$ を通過するレーザー光が，細線に遮られたレーザー光 $\left(-\dfrac{d'}{2} \leqq y \leqq -\dfrac{d}{2}, \dfrac{d}{2} \leqq y \leqq \dfrac{d'}{2} \right)$ に置き換わっているために，積分範囲を変更する必要が生じる．すなわち，

$$U = \int_{-\frac{d'}{2}}^{-\frac{d}{2}} u(y)\,\mathrm{d}y + \int_{\frac{d}{2}}^{\frac{d'}{2}} u(y)\,\mathrm{d}y = \int_{\frac{d}{2}}^{\frac{d'}{2}} u(y)\,\mathrm{d}y - \int_{-\frac{d}{2}}^{\frac{d}{2}} u(y)\,\mathrm{d}y$$

$$= \frac{2r_0\,a}{ky_m} \left\{ \sin\left(\frac{kd'}{2r_0} y_m \right) - \sin\left(\frac{kd}{2r_0} y_m \right) \right\} \cos\left(kr_0 - \omega t \right). \tag{6.19}$$

途中の計算を省略しているが，前節で U を求めた際の (6.16) 式で，積分範囲を $-\dfrac{d'}{2} \sim -\dfrac{d}{2}$, $\dfrac{d}{2} \sim \dfrac{d'}{2}$ に置き換えたものを用いている．スクリーン上の点 y_m における回折像の強度 A^2 は (6.19) 式の係数部分の 2 乗で与えられる．すなわち，

$$A^2 = \left[\frac{2r_0\,a}{ky_m} \left\{ \sin\left(\frac{kd'}{2r_0} y_m \right) - \sin\left(\frac{kd}{2r_0} y_m \right) \right\} \right]^2 \tag{6.20}$$

この式の括弧の中の第 2 項からくる寄与 (図 6.12 (ii) の点線) は，スリットによる回折像の強度の (6.17) 式と一致しており，これがゼロとなる条件も (6.18) 式のままとなる．一方，第 1 項は第 2 項について振動数 $\dfrac{kd}{2r_0}$ を $\dfrac{kd'}{2r_0}$ に置き換えたものになっている．レーザー項の幅 d' は細線の幅 d よりも十分大きいため，第 1 項の振動数 $\dfrac{kd'}{2r_0}$ の方が大きくなり，位置 y_m が変化すると第 1 項の寄与は激しく振動する (図 6.12 (ii) の灰色線)．この振動は細かすぎるために実験では見えず，ある程度平均化したものが回折像として見える

(図 6.12 (ii) の黒線). この回折像は (6.20) 式の第 2 項だけからくる寄与 (点線) と同様の変化をしており，(i) で調べたスリットによる回折像の形状とほぼ一致する．そのため，A^2 が極小となって回折像が暗くなる点も (6.18) 式や (6.10b) 式でほぼ与えられることになる．

課題 7　磁　　気

(1)　目　　的

　人類が古くから認識した磁気は地磁気 (地球の磁場) で, コンパスとして使われてきた. そして現在もっとも実際使われる磁気としては, 現代の生活からは欠かせないモーターやスピーカーへの応用がある. これらは電流を流すことによって磁気を発生させ, 制御している.

　この実験では, 電流と磁気の基本関係を明らかにする. そして地磁気 (成因は確定されていないが) の実験では, その性質の一部を測定する. 地磁気はいまではその存在によって地球上のすべての生物が存在可能になったと考えられているし, 地磁気の変動がその後の生態系に大きな影響を与えたともいわれている. また地球の内部構造, 大陸移動や地震活動との関係も研究されている.

(2)　原　　理

a.　地磁気 (地球の磁場)

　宇宙には, 磁気をもつ星ともたない星が存在する. 地球でいま磁気をもっているのは地球の誕生やその後の経過状態の反映の結果であろう. 地球本体は大気圏を除くと水圏, 地殻, マントル, 外核, 内核からなっている. 外核は鉄を主成分とした数千度の流体と考えられていて, この流体の存在により磁気が生ずるとういう「ダイナモ理論」が地磁気 (地球磁場) 成因の有力説になっている. 昔は地球内に巨大な磁石があると考えたこともあった.

　地磁気は測定の積み重ねの結果, 磁極は変動していることがわかった (永年変動). 現在磁極は地球の回転軸から約 11 度傾いている. また短時間に変動している量もあり, 地球内外の影響が考えられている. 地

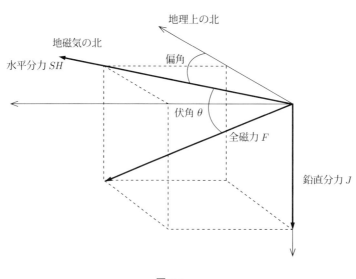

図 **7.1**

磁気の基本的な測定値として「地磁気の3成分」がある．「偏角」,「全磁力」,「伏角」である．これらの関係は図7.1のようになっている．

このうち水平分力 SH，垂直分力 J は世界中の地磁気観測所で連続測定され，リアルタイムでデータを発表している．その結果どの測定量も短い間隔で時間変化している．

この実験では，実験室の実験の時刻での地磁気 (水平分力，伏角など) を測定する．

注 意：「分力」といっても「力」ではなく磁束密度 B (T：テスラ) の単位をもつ．つまり**磁場の大きさ**は磁束密度 B を使用する．これまでよく使われていた G：ガウスは $1\,\mathrm{G} = 10^{-4}\,\mathrm{T}$. ローレンツ力から見たとき磁束密度 B は N/A·m (=T) で表せる．またよく用いられる**磁場の強度** H は真空透磁率を μ_0 として $B = \mu_0 H$ で定義されている (しかし，しばしば磁場の強度 H を B の単位・テスラで呼ぶ)．μ_0 は真空透磁率で $4\pi \times 10^{-7}$ (N/A^2).

ローレンツ力と磁束密度の単位

電荷 q が磁束密度 B の磁場の中を速度 v で運動するとき

$$\boldsymbol{F} = q(\boldsymbol{v} \times \boldsymbol{B})$$

のような力をうける．この力をローレンツ力という．上式からわかるように，磁束密度の単位は力を qv で割ったものになる．つまり力の単位は N (ニュートン)，q は A (アンペア)・sec，v は m/sec だから磁束密度 B の単位は N/A·m となる．これを SI 単位系で T (テスラ) と呼ぶ．

b. 電流による磁場

現在もっとも利用されている磁気は電流によって作られる磁場 (磁界) である．この実験では電流が流れると導線の近傍にどの程度の磁場を生ずるか**ビオ・サバールの法則** (またはアンペールの法則) を実験的に検証する．

1本の任意の導線に電流 I が流れているとき，導線の向きの微小な長さを ds とすると I ds を電流素片と呼ぶ．図7.2のような線分上 (直線とは限らない) にこの部分から距離 r の位置 P に作られる微小磁場の $\mathrm{d}\boldsymbol{B}$ は，次のように書ける．

$$\mathrm{d}\boldsymbol{B} = \frac{\mu_0}{4\pi} \frac{I\,\mathrm{d}\boldsymbol{s} \times \boldsymbol{r}}{r^3} \tag{7.1}$$

$\mathrm{d}\boldsymbol{B}$ の向きは接線方向で大きさは

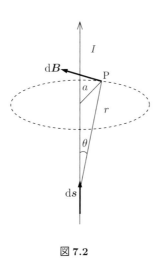

図 7.2

$$|\mathrm{d}\boldsymbol{B}| = \frac{\mu_0}{4\pi}\frac{I|\mathrm{d}\boldsymbol{s}|\sin\theta}{r^2} \tag{7.2}$$

いま線分の直線部分が無限に長いとすると，点 P の磁場の大きさは式 (7.2) を積分して

$$B = \frac{\mu_0 I}{2\pi a} \tag{7.3}$$

のように表せる．

(3) 方 法

a. 地 磁 気

磁束密度を測定する装置をガウスメーターと呼ぶ．単位は G (ガウス) か mT (ミリテスラ) を選ぶことができる．この実験では mT を採用する．センサー部分はホール素子で分解能は 0.001 mT．透明のプラスチック円筒 (保護筒) 中の薄い板状の先端部分がセンサー本体で保護筒に赤い印をつけてある．この実験 a., b. での磁場測定はすべてこの測定器を使用する．

地磁気の測定では透明の円筒を 2 軸回転台に取り付け，それぞれの軸のまわりで，磁場の大きさの角度依存性を測定して，水平分力 SH，鉛直分力 I，全磁力 F と伏角 θ を決める．

b. 電流と磁場の関係

ガウスメータのセンサーの薄い面を伏角と平行にして，地磁気がセンサーを横切らないようにして (つまり地磁気をキャンセルするように設定して) 電流による磁場のみを検知する．このため導線は伏角と直交するように設定する．そして，センサーの平面はセンサーと導線と結ぶ軸に平行にする．

この実験では導線のまわりの直流による磁場の分布を，センサーの位置を変えて (ただし，常に地磁気をキャンセルするように注意して) 測定し，電流によって生ずる磁場が式 (7.3) と合っているかどうか確かめる．

ところで，直線部分以外の導線からの寄与もあるはずだが，非常に小さくてこの実験では無視できることも確かめられる．

(4) 実 験

ガウスメーター

ホール素子をセンサーにして磁束密度を測定する装置で図 7.3 のようになっている．背面に電源の ON-OFF スイッチがある．測定開始時は電源 ON 後，必ず次のように，ゼロ磁場の **Calibration** をする．

1) センサーの先を黒い直方体のゼロガウスチェンバーの穴に入れる．
2) 次にメーター前面の Zero Probe key，Enter key を押す．するとディスプレイに Calibrating の表示が出て，しばらくして 0.000 mT の表示に変わったら測定可能になる．

磁気を感知する部分は板状の平面先端 4 mm くらいで，正しい測定はこの位置と方向に充分注意する．実際には板上に赤色の●印をつけてある．

注 意：板状のセンサー部分に触れないこと．

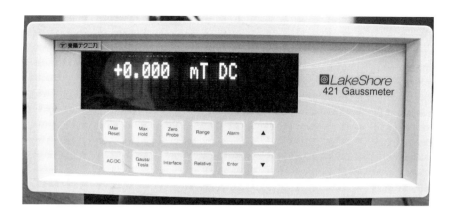

図 **7.3** ガウスメーター

a. 地磁気の測定

0) ガウスメーターの電源を ON. センサーをゼロガウスチェンバー (図 7.4) に入れて, ┌ゼロ磁場の **Calibration**┐ をして, ガウスメーターの表示が「0.000 mT」を示すことを確かめる.

1) 磁気センサーを 2 軸回転台にゆるく取り付ける (図 7.7 をよく見て).

2) コンパスの N 極の方向に 2 軸回転台の矢印 (緑色) を向ける (図 7.5). 以後回転台の位置は動かさないよう注意する.

3) 図 7.6 のようなセンサー位置にしてセンサー平面が N 極の方向を向いていることを確認する.

4) **測定 1**：垂直回転部の角度を 0° にして, 水平回転部の角度を −50°〜110° の間を 10° ずつ変化させて (赤色油性ペンでマークしてある) 記録する.

┌**問題 1**┐ 角度を横軸, 縦軸に磁場の大きさをとってグラフを書きなさい.
このグラフ中最大の磁束密度の大きさ (水平分力 SH) を書きなさい.

測定 2：測定 1 の磁場の最大値の角度に水平回転部を固定して, 次に垂直回転部の角度を −50°〜110° の間を 10° ずつ変化させて, 地磁気の大きさを記録する.

┌**問題 2**┐ 角度を横軸, 縦軸に磁場の大きさをとってグラフを書きなさい.

図 **7.4** ゼロガウスチェンバー

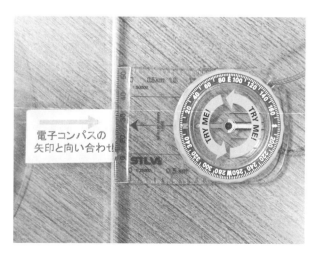

図 **7.5** コンパス

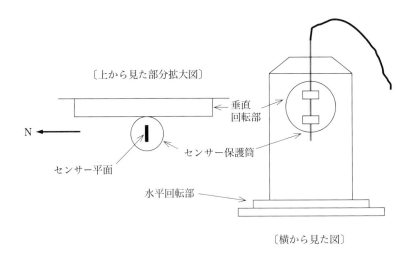

〔上から見た部分拡大図〕

垂直
回転部

N ←

センサー保護筒

センサー平面

水平回転部

〔横から見た図〕

図 **7.6** 地磁気測定用 2 軸回転台

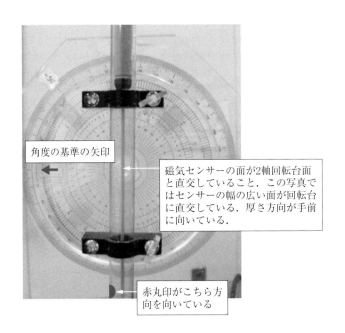

角度の基準の矢印

磁気センサーの面が2軸回転台面
と直交していること. この写真で
はセンサーの幅の広い面が回転台
に直交している. 厚さ方向が手前
に向いている.

赤丸印がこちら方
向を向いている

図 **7.7** 磁気センサーの位置設定. 地磁気を測定するときの磁気
センサーの設定に注意すること. 写真のように磁気セン
サーを正しく設定しないと, 正しい測定結果を得ること
ができない. 取り付けネジの位置にも注意.

問題 3 また最大磁場の大きさ (全磁力 F) とその角度 (伏角 θ) を書きなさい. また 90° での磁束密度 (垂直分力 J) を書きなさい.

問題 4 ダイナモ理論について調べて, レポートに書きなさい.

考察 I : 理科年表, 参考書, インターネットなどで日本での水平分力, 垂直分力, 伏角を調べて, この実験で得た測定値と比較検討しなさい (地磁気に関してはインターネットは内容, データともに豊富で面白い).

考察 II : もし地磁気が存在しないと生体はどうなるだろう (例：宇宙旅行) ?

b. ビオ・サバールの法則の実験

1) 磁気センサーを 2 軸回転台から丁寧にはずし，再びセンサーをゼロガウスチェンバーに入れて，ゼロ磁場の Calibration をしてから，スタンドに取り付けられたアクリル板の A，B，C，D のいずれかの位置の止め具にゆるくセットする．図 7.8 参照．

2) 磁気センサーの平面部分が電線に平行になるように調整して (図 7.9 参照)，固定する (力任せに締めるな)．

3) アクリル板の支持具とアクリルパイプの支持具は，電線の傾きを課題 2 のグラフ中の磁場が最小の時の角度に大体合わせてあるので，そのまま実験する．

4) さらに，ガウスメーターの数値を読みながら，数値が「0.000」か「0.001」になるようセンサーの傾きを調整する．

5) 以上の調整が終わったら，直流安定化電源を設定する．

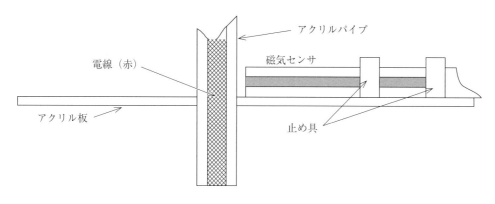

図 7.8

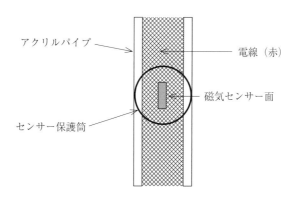

図 7.9　実際は全体が斜めになっている

直流安定化電源の操作法

図 **7.10** 直流安定化電源

(1) POWER OFF，OUTPUT スイッチ (緑色) が OFF (飛び出している) を確認.

(2) 電流設定つまみ (CURRENT) が最小 (左に回し切っている) か確認.

(3) 電源コードプラグをコンセントに差し込む．POWER スイッチ ON.

(4) LIMIT スイッチを押して，電圧が 0.5 V 設定を確認.

26 A 以上の設定は危険.

(ア) ここで電流設定つまみ (CURRENT) だけを左回して，最小になっていることを確める.

(イ) OUTPUT スイッチ (緑色) を ON.

コントロールパネルの "CC" LED が点灯 (赤色) していれば正しく電流が流れる.

(ウ) 電流設定つまみ (CURRENT) だけを静かに右回して，所定の電流値に設定.

(エ) 終了時は電流設定つまみ (CURRENT) だけを左回して，最小にする.

(オ) OUTPUT スイッチ (緑色) OFF．最後に POWER スイッチを OFF.

確 認 アクリル板上の選んだ A, B, C, D のいずれかで，中心からの距離 2 cm の円線上にセンサー (の赤丸) が置かれていることを確認する (電線の中心からの距離は B の位置に数字が 1, 2, $\cdots$, 7 と書いてある．単位は cm).

問題 5 電流を最小から 5 A，10 A，15 A，20 A，25 A のように変化させて，電流による磁場の大きさを読み取る．グラフに書く (横軸電流値).

問題 6 電流 25 A で，センサーの角度を変えないように注意しながら，(止め具を少しゆるめて) アクリル板上の円を横切るように電線から 1 cm ずつ遠ざける．中心からの距離と磁場の大きさを記録し，グラフに書く (横軸は 1/距離).

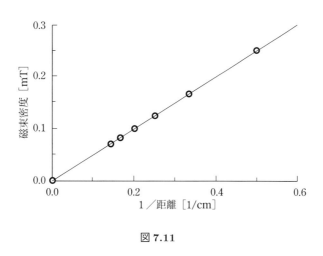

図 7.11

式 (7.3) 磁束密度の計算は，電流 10 A，2 cm の位置では

$$B = \frac{\mu_0 I}{2\pi a} = \frac{4\pi \times 10^{-7}\,[\mathrm{N/A^2}] \times 10\,[\mathrm{A}]}{2\pi \times 2 \times 10^{-2}\,[\mathrm{m}]} = 1 \times 10^{-4}\,[\mathrm{T}]$$

問題 7 電流 25 A で，電線中心から 3 cm の位置で他の止め具が付けられたすべての場所 (A, B, C, D) で，電流による磁場を測定・記録する．このとき，磁場センサーの平面が電流に平行になっていることを確認すること．グラフに書きなさい (縦横軸とも磁場の大きさ．図 7.12 参照).

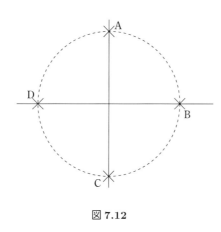

図 7.12

問題 8 式 (7.2) から，積分により式 (7.3) を導く (レポートを出すときでよい).
考察 III : ビオ・サバールの法則と実験結果を比べて考察しなさい．

c. 身近な磁気の大きさを測ってみよう

磁気センサーでボード (黒板) などに止める磁石を距離を変えて測る．

問題 9 一番近いとき，また 5 cm 離したときではどうなるか？ 地磁気とくらべてどうか？
レポート レポートのために勉強した磁気に関することで，特に興味をもった内容を詳しく書きなさい．

課題 *8* オシロスコープ

(1) 目　的

　時間的に変化している量を直接目で見える波形に直して観測したり記録する装置を一般にオシログラフという．そのなかでオシロスコープは高い周波数の変化に対しても対応でき，そのうえ装置がひとつにまとまっていて持ち運びも便利であるから，いろいろな分野の振動現象を対象にする実験・計測に広く使われる．最近では，デジタルオシロスコープが一般的に使用されるようになり，データを記憶させたり (ストレージ機能)，コンピュータへの出力も容易にできるようになった．ディスプレイ部も液晶が使われるようになってきた．

　この実験では，デジタルオシロスコープを使用する．多機能である一方，調整個所が多いので，初めは扱いにくいかもしれないが，慣れると便利である．

　ここではオシロスコープの構造と働きを理解し，取り扱いに慣れることを目的とし，次のような実験を行う．

　　波形観測
　　交流回路の位相差測定
　　リサージュ図形による周波数測定

　宿　題：次のことをプレ・リポートに書いてくること
　　　1)　コンデンサーのリアクタンスとコイルのリアクタンスを表す式を書いてくる．
　　　　　また，これらの単位は何かを調べる．
　　　2)　コンデンサーに加わる電圧と流れる電流との間の位相関係はどんな関係か．コイルに加わる
　　　　　電圧と流れる電流との間の位相関係はどのような関係か．
　　　3)　関東地方の交流の周波数はいくらか．

---

a.　リサージュ図形

　リサージュ図形 (またはリサジュー図形) は，2つの互いに直交する単振動を合成してできる図形のことである．水平方向と垂直方向の単振動の振幅，振動数，位相の違いによって，様々なリサージュ図形が描かれる．図 8.1 は，2つの単振動の振幅，周波数，位相が等しい場合，図 8.2 は振幅，周波数は等しいが，水平方向の電圧信号の初期位相 (時刻 $t = 0$ における位相) が垂直方向に対して $\pi/2$ 進んでいる場合，図 8.3 は，振幅，初期位相は等しいが，水平方向と垂直方向の周波数の比が 1：3 の場合，図 8.4 は振幅は等しいが，周波数の比が 3：2 で，初期位相の差が $\pi/2$ の場合である．

図 8.5 には水平方向と垂直方向の単振動の振動数と初期位相が異なる場合のリサージュ図形がまとめられている.

　リサージュ図形から逆に水平方向と垂直方向の周波数の比 $f_\mathrm{H}:f_\mathrm{V}$ がわかる. イメージとしては, 図形に垂直偏向板と水平偏向板をあてがって, それらの間を同じ時間内に何回スポットが往復するかを数えればよい. 図 8.6 の左は図形に水平偏向板をあてがって, 水平方向に何回往復しているかを数えている図である. a から出たスポットは b で相手の偏向板に達し, そこから a に戻る. これで 1 往復 (1 振動) したわけであるが, この動きを立場を変えて, 垂直偏向板間で見ると, 右図のように a から出たスポットは c で相手の偏向板に達し, そこから出て d でもとの偏向板に戻り (これで 1 往復) また出て上の偏向板の e に行き, e から d に戻り (2 回目の往復), d から出て c を経て a に戻る (これが 3 回目の往復). よって合計 3 往復したことになるから, 同じ時間内で水平方向には 1 振動, 垂直方向には 3 振動していることになる. 水平・垂直両方向の振動数を f_H, f_V と書くと, $f_\mathrm{H}:f_\mathrm{V}=1:3$ と書ける.

　複雑な図形でも, こうやって調べれば振動数の比がわかる. 各自図 8.5 で確認してみよ.

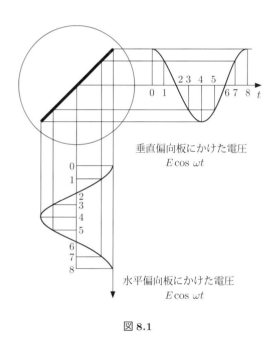

図 8.1

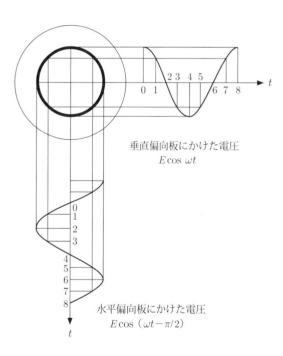

図 8.2

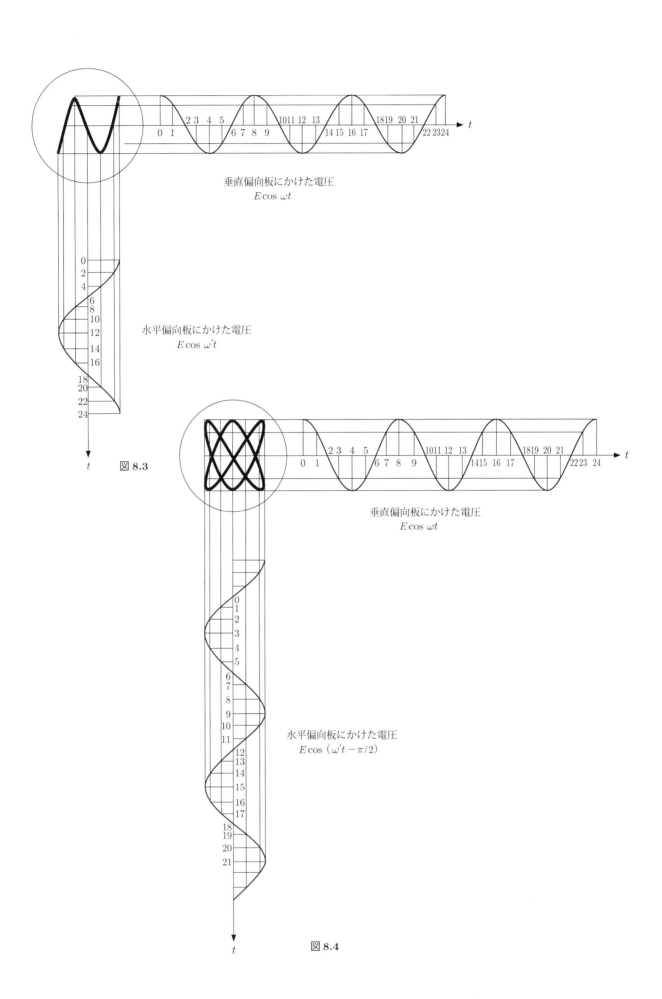

垂直偏向板にかけた電圧
$E\cos\omega t$

水平偏向板にかけた電圧
$E\cos\omega' t$

図 8.3

垂直偏向板にかけた電圧
$E\cos\omega t$

水平偏向板にかけた電圧
$E\cos(\omega' t-\pi/2)$

図 8.4

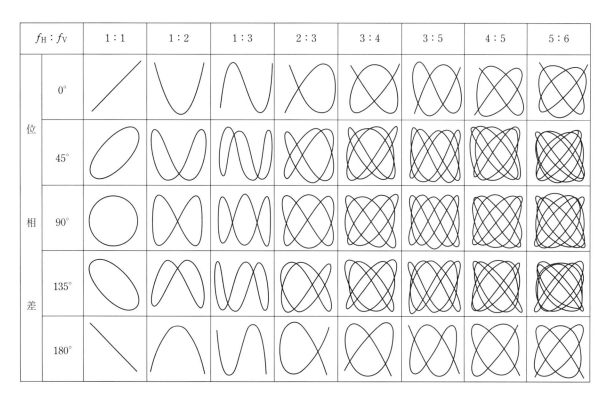

図 8.5

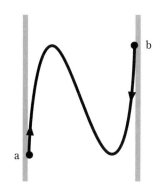

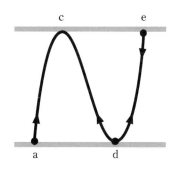

図 8.6

b. デジタルオシロスコープ (DSO)

　現在のオシロスコープは，ほとんどがデジタル化されており，機種によってかなり操作性が異なるので注意が必要である．本実験でのデジタルオシロスコープの詳しい使用法については，卓上に置かれた説明を参照のこと．

c. Function Generator (FG)

1️⃣ POWER：電源スイッチ

2️⃣ AMP：出力波形の電圧の大きさを変える．矢印キーで桁を選び，ツマミで値を変える．

3️⃣ MENU & FREQ：出力波形の周波数を変える．矢印キーで桁を選び，ツマミで値を変える．

4️⃣ OUTPUT 50Ω：BNC ケーブルをつないで出力を取り出す．

5️⃣ ON キー：波形出力の ON/OFF を切り替える．

⑥ FUNCTION：出力波形の形を設定する．この実験では，正弦波の連続発振のみを使うので，$\boxed{\sim}$，$\boxed{\text{CONT}}$ を押して光っている状態にしておく．それ以外のキーの LED が光っている場合は，押して消す．

⑦ ディスプレイ：出力波形の電圧・周波数が表示される．

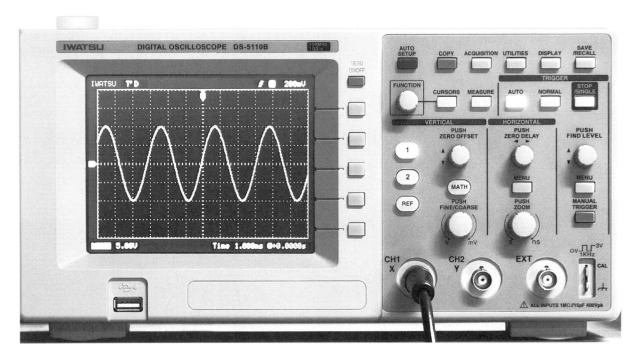

図 **8.7** デジタルオシロスコープ (DSO)

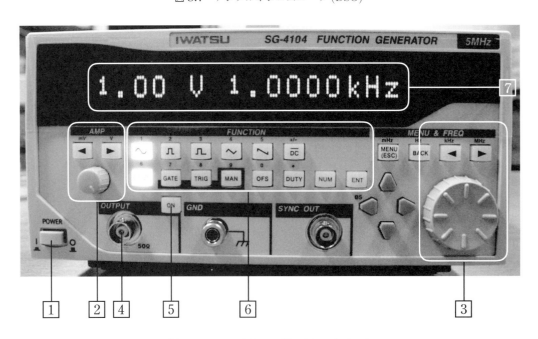

図 **8.8** ファンクションジェネレータ (FG)

実験 I　波形の観測

a.　電圧や周波数の求め方など

　以下，オシロスコープのことを DSO，ファンクションジェネレータを FG と呼ぶ．

1) DSO の上面にある電源スイッチを ON にして，垂直軸と水平軸の位置を調整し，横輝線を画面の中央の水平軸基線に合わせる．オートセットアップでも OK.

2) FG の OUTPUT 50 Ω ④ と DSO の CH1 を同軸ケーブルでつなぐ．

3) FG の設定 (FG の POWER ON)
   　i)　FUNCTION ⑥ は，$\boxed{\sim}$ $\boxed{\text{CONT}}$ が光っている状態にしておく．
   　ii)　AMP ② を操作して，出力波形の電圧を 1.00 V に設定する．
   　iii)　MENU & FREQ ③ を操作して，出力波形の周波数を 50.00 Hz に設定する．
   　iv)　ON キー ⑤ を押す．

4) DSO の設定
   　i)　CH1 の VOLTS/DIV は 0.5 V にする．
   　ii)　SWEEP TIME/DIV は 5 ms にする．
   　i), ii) の表示は DSO 画面の下の方に表示される．

5) 以上で図 8.9 のような sin 波形が見られるだろう．

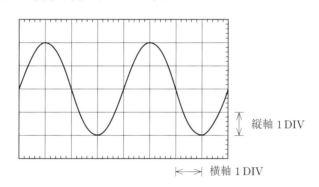

縦軸 1 DIV

横軸 1 DIV

図 8.9

6) 机上のマニュアルに従い，電圧値を求めてみよう．DSO の縦軸，横軸のスケールを調整して sin 波の縦軸で PEAK TO PEAK が何 DIV になっているかを読み取る．
　たとえば図 8.9 のように波形の上下方向の幅が 4.0 [DIV] だとすれば，PEAK TO PEAK の電圧値は

$$V_{\text{P-P}} = 4.0\,[\text{DIV}] \times 0.5\,[\text{V/DIV}] = 2.0\,[\text{V}]$$

となる．PEAK TO PEAK の値であることを表現するときは $V_{\text{P-P}}$ と書く．しかし，交流は実効値で表すことが多いので，下の式で定められる実効値，つまり交流と同じ電力を発生する直流電圧値が使われることも多い．

$$V\ (\text{実効値}) = \frac{1}{2\sqrt{2}} V_{\text{P-P}}$$

7) 次に周波数を求めよう．それには波形の 1 周期がオシロスコープの画面の横軸で何 DIV になっているか読み取る．いま 1 周期が横方向に 4.0 [DIV] であったとし (図 8.9)，そのとき SWEEP TIME/DIV (時間軸) が 5 ms になっていれば，

$$周期\ T = 4.0\,[\text{DIV}] \times 5\,[\text{ms/DIV}] = 20\,\text{ms}$$

として求まる. ms はミリセコンドで 0.001 秒のことである. 周期がわかれば周波数 f もわかる.

$$f = \frac{1}{T} = \frac{1}{20 \times 10^{-3}} = 50\,[\text{Hz}]$$

問題 1 上の方法により, 各実験台で DSO の表示から電圧 (PEAK TO PEAK, 実効値の両方) と周波数 f を求めよ.

8) FG の AMP ② と MENU & FREQ ③ を操作して, 出力波形の電圧・周波数を 10.00 V, 500.00 Hz に設定する. DSO の CH1 の垂直軸感度と SWEEP TIME/DIV を調節して, 波形の大きさを見やすいように表示する.

問題 2 問題 1 と同じようにして, オシロの表示から電圧 (PEAK TO PEAK, 実効値の両方) と周波数を求めよ.

b. 音 波

1) FG の OUTPUT 50 Ω を接続 BOX を経てスピーカーにつなぐ. スピーカーの代わりにヘッドホンでもよい.

2) 接続 BOX の BNC 端子とオシロの CH1 X を同軸ケーブルで接続する. そして, 接続 BOX site A, B の赤い端子間をリード線で接続する (図 8.10).

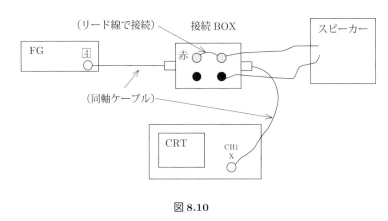

図 8.10

3) FG の設定 出力波形の電圧・周波数を 1.00 V・500.00 Hz に設定する.

4) DSO の時間軸目盛りが 0.5 [ms/DIV], あるいは 500 [μs/DIV] であるようにする. CH1 の縦軸は, とりあえず 2 [V/DIV] で観察してみる. 波形が現れたら 時間軸目盛り (横軸), 電圧軸目盛り (縦軸) の大きさを適宜調整して波形を見やすい大きさにする.

問題 3 FG の出力はあまり大きくせず, FG の出力波形の周波数を変えていき, 可聴音の周波数範囲を答えよ (およそ何 Hz から何 Hz ぐらいまで聞き取れたか, だいたいの範囲でよい). このときはヘッドホンを用いるとよい (耳を保護するため FG の出力電圧はあまり高くしてはいけない).

5) FG の ON キー ⑤ を押して, 出力を止める. DSO の CH1 とスピーカーは接続したまま. DSO の SWEEP TIME/DIV を 2 [ms/DIV] にする.

6) スピーカーの前面で音叉をたたき (音叉共鳴箱の開口部をスピーカーに向けて使う) 波形を観察する. 波形の大きさを DSO の CH1 の垂直軸感度を適当に設定して見やすい大きさにする.

問題 4 音波の波形をスケッチし周波数を求めよ. このときストレージ機能を使ってみよう.

7) 2 つの音叉のうちの一方の音叉に金具をはめ, 振動数をわずかに減じてから, 2 つの音叉をスピーカーの前で同時にたたくと, 音波が干渉してうなりを聞くことができる.

問題 5 このうなりの波形を観察し，スケッチせよ．(オシロスコープの時間軸 SWEEP TIME/DIV を 20 [ms/DIV] にするとよい．ストレージ機能を使う．)

8) 最後にスピーカーに口を近づけて，母音 a，e，i，o，u のうちの 1 つを大きく長く発声して，その波形を観察してみよう．オシロの時間軸を 2〜5 [ms/DIV] にして，(複雑でも) 周期的な波形にする．

問題 6 波形を観察し，スケッチせよ．各自が行うこと (STOP/SIGNAL 機能を使おう)．波形が小さいときは発声を大きくする．それでも足りなければ CH1 の垂直軸感度を上げる．

実験 II 交流回路の位相差の測定

次の方法で交流回路の位相差について調べる．

波形の比較から求める方法

ベクトル図から求める方法

まず，図 8.11 で S_1 を入れて，M と任意の抵抗を導線で結べば CR 回路が得られる．この回路に周波数 f の交流電圧 V を加え，I の電流が回路を流れたとする．コンデンサー C および抵抗 R の両端の電圧 V_C，V_R は

$$V_C = X_C I = \frac{1}{\omega C} I = \frac{1}{2\pi f C} I \tag{8.1}$$

$$V_R = RI \tag{8.2}$$

である．ここで X_C はコンデンサーのリアクタンスである．

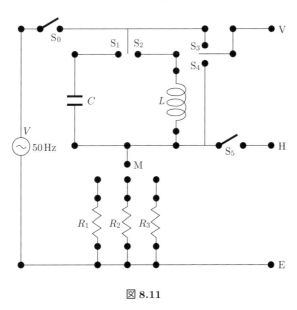

図 **8.11**

V_R の位相は I と同相であるが，V_C の位相は I の位相より $\pi/2$ だけ遅れるから (コンデンサーの内部抵抗 $r = 0$ として)，図 8.12 (a) のように電流は回路に与えた電圧より θ だけ位相が進む．

$$\tan\theta = \frac{V_C}{V_R} = \frac{X_C}{R} = \frac{1}{2\pi f C R} \tag{8.3}$$

$$\therefore \quad \theta = \tan^{-1}\frac{1}{2\pi f C R} \tag{8.4}$$

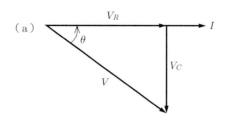

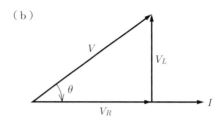

図 8.12

　次に S_1 を S_2 に切り換えれば LR 回路となり，図 8.12 (b) のように，コイルの両端の電圧 V_L $(2\pi fLI)$ は電流よりも $\pi/2$ だけ位相が進むから (コイルの内部抵抗 $r=0$ として)，結局回路に与えた電圧より位相が θ だけ遅れた電流が流れる．

$$\tan\theta = \frac{V_L}{V_R} = \frac{X_L}{R} = \frac{2\pi fL}{R} \tag{8.5}$$

$$\therefore \quad \theta = \tan^{-1}\frac{2\pi fL}{R} \tag{8.6}$$

ここで X_L はコイルのリアクタンスである．なお，コイルの内部抵抗が無視できないときは，上式の分母は $R+r$ となる．

　CR 回路，LR 回路いずれの場合も，位相差 θ の大きさは回路の抵抗によって異なる．

〔方　法〕オシロスコープの使い方については，卓上マニュアルも参照すること．

a.　波形の比較から求める

　回路のスイッチの働きを，図 8.11 を見ながら操作し，理解すること．

1) DSO からスピーカーと接続 BOX の赤色端子間のリード線をはずし，回路の V 端子と接続 BOX の site A の赤色端子をリード線でつなぐ．次に回路の E 端子と接続 BOX の site A の黒色端子をリード線で接続し，site A 側の BNC 端子と DSO の CH1 を同軸ケーブルでつなぐ．これで回路の V 端子と DSO の CH1 X，回路の E 端子と DSO の GND がつながり，DSO の CH1 に VE 間の電圧 V が入力されたことになる．

2) 接続 BOX の site B と同軸ケーブルを用いて，回路の H 端子を DSO の CH2 につなぐ．これで DSO の CH2 Y と GND 間に HE 間の電圧 V_R (回路を流れる電流 I と抵抗 R_i の積に等しい．$V_R = IR_i.\ i = 1, 2, 3$) をかけたことになる．DSO の時間軸を $5\,\mathrm{ms/DIV}$，軸感度は CH1，CH2 ともに $5\,\mathrm{V/DIV}$ にする．

CR 回路について調べよう

3) 回路のスイッチ S_1 を入れれば，回路にコンデンサー C が入る (図 8.11 参照). M端子と抵抗 R_i とを導線で結ぶと CR 回路ができる.

4) 回路のスイッチ S_3 を入れ S_5 を ON にする. 回路のプラグをコンセントにつなぎ，電源スイッチ S_0 を ON にする. オシロの画面に波形が見えるだろう. この波形は CH1 に入れた信号，すなわち回路に加えた電圧 V の波形である. 波形が小さいときは CH1 の垂直軸感度を上げればよい.

5) CH2 に入れた V_R の波形をオシロの画面に表示し，波形が小さければ CH2 の垂直軸感度を上げて見やすくする.

6) CH1 に入れた波形と，CH2 に入れた波形が同時に見えるようにする.

7) 2つの波形を比べやすいように，これらを画面の中心の水平基線のそれぞれ適当な位置に合わせる.

8) 画面には回路に加えた電圧 V と，回路を流れている電流 I (本当は抵抗の両端に生じた電圧降下 V_R) の波形が基線をそろえて重なって見えている. このとき，明らかに2つの波の間に位相差があることがわかる. 前に述べたように $V_R = IR$ で V_R は I と同相 (位相差がない) であるから，V_R の波形は位相的には I の波形とみなせる.

9) 画面上の2つの波はいずれも左から右へ進んでいるので，いまもし電圧を基準とすれば電流の位相が進んでいるのか遅れているのか，判定することができる.

問題 7 電流の位相は進んでいるのか遅れているのか，答えよ.

次に LR 回路について調べよう

10) 回路のスイッチ S_2 を入れる. すると画面上の電圧 V の波はそのまま変わらないが，電流 I の波が水平方向にずれて止まる.

問題 8 図 8.13, 8.14 で電圧を基準にして，電流の位相は進んでいるのか遅れているのか答えよ.

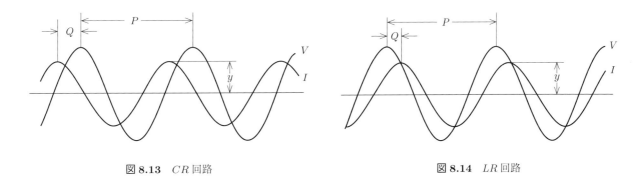

図 8.13 CR 回路　　　　　図 8.14 LR 回路

位相差と抵抗の関係を調べよう

11) 前出の式は，回路の容量 C やインダクタンス L が一定のときは，電圧と電流の位相の差は回路に含まれる抵抗によって変わることを示している. そこで回路の抵抗を3通りに変えてみて，関係を見てみよう.

12) 回路のスイッチを S_1 にし，再び CR 回路をつくる.

問題 9 M と3通りの抵抗 R_1, R_2, R_3 のうちいちばん小さい抵抗 R_1 とをつなぎ，位相差が何度あるか求めよ. 次に R_2, R_3 のときはどうか，それぞれ求めよ. いずれも，図 8.13 から $P : Q = 360° : \theta$ が成り立つから，位相差 θ が求められる.

問題 10 LR 回路をつくり,同様にして抵抗値と位相差の関係を調べよ(図 8.14).

レポート課題

13) **ベクトル図から求める方法** ベクトル図 8.12 と (8.4),(8.6) 式から位相差 θ を求めよ.回路中の L,C,R を用いること.また,問題 9,問題 10 の課題の結果と合わせて表をつくれ.

14) 回路のスイッチ S_0 を切る.

実験 III　リサージュ図形

音叉の周波数を求める

　DSO の表示 mode を X-Y mode にする.FG の出力 ④ を同軸ケーブルで DSO の CH1 X につなぐ.つまり FG の出力を DSO の水平軸に入力する.次にスピーカー端子を接続 BOX につなぎ,同軸ケーブルで DSO の CH2 Y,つまり垂直軸に接続する.CH1 と CH2 の感度はともに 5 [V/DIV] にする.

1) FG の ON キー ⑤ を押して出力を再開し,図 8.8 の FG の AMP ② と,DSO の水平軸感度を調節して横方向の大きさを適当にする.

2) 音叉をスピーカーの前で鳴らす.垂直軸が画面上で適当な大きさになるよう垂直軸感度を調節する.ここで FG の MENU & FREQ ③ を操作して周波数を 350 Hz 前後で変化させると,DSO の輝点は水平方向に FG の周波数で振動し,垂直方向には音叉の周波数で振動するので,楕円形のリサージュ図形が見える.

3) 垂直,水平方向の位置を調節して図形を画面のほぼ中央にもってくる.FG の出力電圧が横軸にかかり,回路に加わるスピーカーからの出力電圧が縦軸にかかっている.FG の電圧により輝点は横軸方向に FG の周波数で振動させられ,同時に音による振動がスピーカーの出力電圧に変換され,この電圧により輝点は縦軸方向にも振動させられる.

4) FG の MENU & FREQ ③ を操作して周波数を変えていくと,図形の変化がゆっくりになるところがあるだろう.最も静止に近い図形について解析をする.つまり,図形の横軸方向の振動数を f_H,縦軸方向の振動数を f_V とし,両者の比 $f_H : f_V$ を求める (図 8.5 参照).このとき f_H は FG の出力波形の周波数である.

図形は f_V と f_H が整数比をなすとき静止するから (実際はピタリと止まらないが),f_H を変えていけば,整数比になるたびに図形がほぼ静止する.図形の動きが最もゆっくりとなるところで STOP/SINGLE ボタンで図形を静止させる.3 つ以上の図形についての f_V と f_H の比からそれぞれ f_V を求め,その平均値をとって,音叉の周波数がいくらか答えよ.

問題 11 レポートには次のように答える.それぞれの図形ごとに,

　i) 図形をスケッチする (3 種類).

　ii) FG の f_H の値を書く.

　iii) その図形の条件式: $f_V : f_H$ を書く.

　iv) この式に f_H の値を入れて,f_V を求め平均値も報告する.

実験終了後は

1) FG，DSO の POWER を切り，電源コード，導線をはずし，まとめる．DSO のつまみは初めの状態に戻しておく．

2) 回路は，S_0 は OFF にする．S_1，S_2，S_3 のスイッチ棒はいずれも垂直に立てて，S_5 は ON になっていることを確認する．

注　意：接続 BOX 内部の配線は図 8.15 のようになっている．

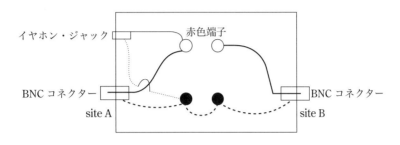

図 8.15　接続 BOX 内の配線

○　赤色端子間は切れている．

○　黒色端子間は接続している．

○　黒色端子と BNC コネクターの外側は BOX に接地している．

課題 **9** 電 磁 波

(1) 序 論

　1820 年 5 月，コペンハーゲン大学のエルステッド (H. Oersted, 1777〜1851) は，学生に対する講義実験をしているとき，たまたま電流の流れる導線のそばにおかれていた磁針が動くことを発見し，電気的現象と磁気的現象との間に関連があることがはじめて認識された．一方，ファラデー (M. Faraday, 1792〜1867) は，逆に磁気的現象にもとづいて電流を発生させることができるはずであると考えて研究をはじめ，1831 年 8 月 29 日，ついに電磁誘導現象を発見することに成功した．ファラデーの実験では 1 個の鉄の環に 2 組のコイルを巻きつけておき，一方のコイルに電流を流して鉄環内に磁場をつくった．そして，コイルの電流を切ったり，それを流しはじめたりした瞬間に，他のコイルに電流が発生することを発見したのである．磁場の変化によりコイル内に発生する電流の方向は，磁束の変化をさまたげる方向であり，この法則はレンツ (H. Lenz, 1804〜1865) の法則と呼ばれている．これらの結果から，振動する電場があれば振動磁場が生じ，この振動磁場は電磁誘導によってそのまわりに振動電場をつくる．この振動電場はさらに振動磁場を誘起して …… というように，1 か所に振動電場あるいは磁場があると，それは周囲に波となって伝わっていくことが予想される．実際にファラデーは光の電磁波説を思いついていた．確実に電磁波が存在することを証明したのは，電磁気学の基本原理であるマクスウェル (J. C. Maxwell, 1831〜1879) の方程式を整理したヘルツ (H. R. Hertz, 1857〜1901) であった[1]．

　電磁波は波長 (振動数) によって回折のしやすさ (直進性) や，透過性，物質との相互作用にさまざまな違いがあり，表 9.1 に示すようにさまざまな波長のものが広範な用途に使われている．本実験では，超短波の電磁波を用いて電磁波の波としての性質を明らかにする実験とともに，短波の電磁波を変調して信号伝達が行えることを示す．

(2) 実 験

実験 I 超短波実験

　まず電磁波を発生させ，その波としての性質を調べてみよう．電磁波は (参考 1) で説明したようにマクスウェルの方程式から導けるが，実験室で実際に電磁波を発生させるにはどのようにすればよいであろうか？

　それは原理的には案外簡単である．定性的な説明としては，序論に述べたように振動する電場があれば振動磁場が生じ，この振動磁場は電磁誘導によってそのまわりに振動電場をつくり，この振動電場がさらに振動磁場を誘起して …… ということになって，波として伝わる (図 9.1) のであるから，どこか 1 か所

---

[1] この学生実験では大学での電磁気学の基礎をまだ十分に学んでいない学生に対する説明の便法として，波が交互に伝わるような説明を行う．Maxwell の方程式からの電磁波の簡単な導出については (参考 1) を参照のこと．

表 9.1 電磁波の分類 [2]

		周波数（Hz）	名称	波長（m）	光子エネルギー（eV）	分光学などとの関係	主な用途
電離放射線	放射線	300万 THz	γ線	～1 pm			癌治療，品種改良
		300万 THz ｜ 3万 THz	X 線	1 pm ｜ 10 nm	10000 eV ｜ 100 eV	核内励起 内殻電子の遷移 外殻電子のイオン化	レントゲン 非破壊検査 X 線天文学
非電離放射線	光	3万 THz ｜ 750 THz	紫外線（UV）	1 nm ｜ 400 nm	100 eV ｜ 3 eV	価電子の遷移 紫外スペクトル	殺菌灯 日焼けサロン
		750 THz ｜ 400 THz	可視光線（VIS）	380 nm ｜ 780 nm	3 eV ｜ 1.5 eV	可視スペクトル	太陽光の大部分　照明光 光学機器
		400 THz ｜ 3 THz（3000 GHz）	赤外線（IR）	780 nm ｜ 100 μm（0.1 mm）	1.5 eV ｜ 10 meV	分子振動 分子回転 赤外スペクトル	赤外線写真 暖房器具 リモコン
	電波	3000 GHz（3 THz）｜ 300 GHz	サブミリ波 テラヘルツ波（THF）【マイクロ波】	0.1 mm ｜ 1 mm			電波天文学 （宇宙電波の受信） レーダー
		300 GHz ｜ 30 GHz	ミリ波（EHF）【マイクロ波】	1 mm ｜ 10 mm		電子スピン共鳴（ESR）	衛星通信　アマチュア無線 レーダー
		30 GHz ｜ 3 GHz（3000 MHz）	センチ波（SHF）【マイクロ波】	1 cm ｜ 10 cm			アマチュア無線，無線 LAN，BS，CS 放送
		3000 MHz（3 GHz）｜ 300 MHz	極超短波 デシメートル波（UHF）【マイクロ波】	0.1 m ｜ 1 m		核磁気共鳴（NMR）	電子レンジ（2.5 GHz）携帯電話，地上デジタル放送，アマチュア無線
		300 MHz ｜ 30 MHz	超短波 メートル波（VHF）【TV波】	1 m ｜ 10 m			FM ラジオ（76～90 MHz）波長がこれより短くなると直進性が強まり光に近くなる．
		30 MHz ｜ 3 MHz（3000 kHz）	短波 デカメートル波（HF）【TV波】	10 m ｜ 100 m			通信，短波放送．（3～30 MHz）
		3000 kHz（3 MHz）｜ 300 kHz	中波 ヘクトメートル波（MF）【ラジオ波】	100 m ｜ 1000 m			AM ラジオ（531～1602 kHz）
		300 kHz ｜ 30 kHz	長波 キロメートル波（LF）【ラジオ波】	1 km ｜ 10 km			長距離通信 IH 調理器（電磁調理器 20～90 kHz）
		30 kHz ｜ 3 kHz（3000 Hz）	超長波（VLF）	10 km ｜ 100 km			
		3000 Hz（3 kHz）｜ 300 Hz	極超長波（VLF）	100 km ｜ 1000 km			
	電磁界	300 Hz 以下	超低周波（ELF）	1000 km 以上			

2) この表の数値は概略を表しており，分類なども資料によってやや異なることがある．

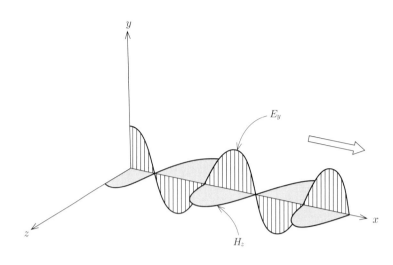

図 9.1　電磁波の伝搬 E_y は電場，H_z は磁場．

に振動電場あるいは磁場があると，そこから電磁波が伝わってゆく[3]．つまり，発振器を使って何らかの導体 (送信アンテナ) に振動電流を与えれば電磁波を発生させることができ，原理的には送信機として使える．一方，電磁波を検出するには電磁波の電場によって受信側の導体 (受信アンテナ) に起こる電流変化を検出できればよい．もちろん実際の送信機や受信機はアンテナの形状や，送信あるいは受信する電磁波の周波数や強度，感度などに工夫がされている．

a.　電磁波の性質

　この実験で使用しているアンテナはダイポール・アンテナ (図 9.2) と呼ばれる．ダイポール (双極子) というのは，正電荷と負電荷の対の事である．図に示されているように，直線の導体に高周波電流を流す時，そこに生じる電荷分布は，導体の長さ (L と C) を調節する事により，定在波にする事ができる．そのとき，交流電流は共振し，最大の実効値を示す[4]．初等的な電磁気の理論から明らかなように，発生する電磁波のエネルギーは，電場強度の 2 乗に比例している．一方電場強度は電流に比例して増大するから，共振状態にある導体から出力する電磁波が最も大きなエネルギーをもつ事がわかる．共振状態にあるアンテナで

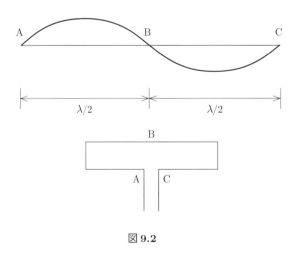

図 9.2

---

[3]　一般的には，電場は時間変化さえしていればよいので，きれいな振動をしている必要はない．例えば雷のような一過的な電場の変化でも大きな電磁波が伝わる．

[4]　これは直列共振回路としてとらえることができる．

は，A，B，C 点の電荷は一定になっている．そこで，図 9.2 のように電荷分布の定在波の腹の部分で導体を折り曲げ，A，C 点から高周波を入力すれば，丁度電位の高低がアンテナの両端に交互に出現することになり，ダイポール・アンテナになる．

実験で使う装置のアンテナ本体はループ状の ⬭ の部分で，直線の棒状のものは感度を上げるためのものである．このループ状の部分に高周波の電流が流れる．したがって，この枠と平行に高周波の電場が生じ，これに直交して高周波の磁場ができる．

b. 完全導体による電磁波の反射

完全導体による電磁波の反射はレーダー技術の基礎にもなっている．まず電磁波が完全導体に入射したときの境界条件について考えよう．電場 E と電流 J の関係は，導電率を σ として

$$J = \sigma E$$

により与えられる．電磁波が完全導体中に誘起できる電流 J は有限であるから，上式の右辺は有限でなければならない．ところが完全導体中の導電率は $\sigma = \infty$ であるから，右辺が有限になるには電場 E は，少なくとも 0 になっていると考えられる．また，完全導体の境界では，常に $E = 0$ である事から，完全導体の内部に電磁波は侵入できず，外部から来た電磁波は完全に反射波として跳ね返される．また完全導体の表面付近では入射波と反射波の干渉により電磁波は定在波になっている事がわかる．完全導体は厳密に言うと超伝導体とも区別されるもので，実在しないものであるが，高周波の電磁波にとって，金属は極めてよい近似で，完全導体 (導電率 $\sigma = \infty$) とみなせる (この事は，上述のダイポール・アンテナの長さが丁度波長の半整数倍のとき，共振点をもつことを意味している)．そこで，高周波の電波を用いて，金属からの反射波を検出するのがレーダーの基本である．

c. 電磁波の回折

一般に光や音などの波が障害物をかすめたときに幾何学的に直進しないで影の部分に回り込む現象を回折と呼ぶ．この回り込む角度は波長が長いほど大きくなる．電磁波も波であるため回折という現象を示し，これが波の波長と関係することが波長の長い AM 放送より波長の短い FM 放送が受信しにくく，さらに波長の短い BS 放送などでは場所によっては電波を中継する必要が出てくる理由である．また，スリットを波が通り抜けるときの，通り抜けやすさにも回折は関係しており，スリットの幅が波長より短くなってゆくと波は急激に通りにくくなってゆく．

実験 I では電磁波の波としての性質を超短波を用いて調べてゆくこととする．

実験準備

送信アンテナと送信機背面の RF.OUT 端子を接続，また受信アンテナと受信機背面の RF.IN 端子を接続する．

1) 図 9.3 のように，水平にした送信アンテナと受信アンテナを 30〜50 cm くらい離して向かい合わせる．

2) 超短波送信機，超短波受信機の両方の電源を入れる．送信機の電流は OSC LEVEL SET で OSC レベルを 40〜70 μA に設定する．MODULATION は OFF．

3) 超短波受信機のアンテナの位置が大体図 9.3 の位置にして，RF GAIN ツマミを調節し受信機のメー

ターが20〜40μAになるように調整する．AF GAINツマミは本実験では関係ない．

4) 送信アンテナは図9.3のようにして動かさず，受信アンテナを(距離は変えないで水平，垂直方向の角度だけ)調節して，受信機メーターの極大値になるところを探す．それほど大きく変える必要はないはずである．このときの両方のアンテナの位置関係を図示する．この実験で決めた受信アンテナの位置を基準(水平方向，垂直方向の0°)にして以下の実験を行う．

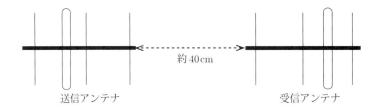

図 **9.3** 送受信アンテナを上から見る．

横波と直線偏光

実験1. 図9.4のように，上から見て15°ごとに −90°〜+90°の範囲[5]で受信アンテナの角度を変化させて受信機の電流を読む．これをグラフにする．

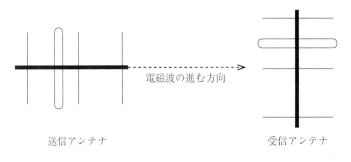

図 **9.4** 受信アンテナを水平面内で ±90°の範囲で回す．

実験2. 受信機の電流計を見ながら受信アンテナを調節して最大電流になるようにする．次に図9.5のように受信アンテナと発振アンテナを結ぶ軸の回りに受信アンテナを15°ごとに −90°〜+90°の範囲で変化させて受信電流を読み，グラフに書く．

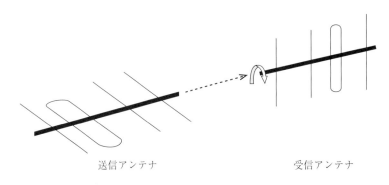

図 **9.5** 受信アンテナを水平面から ±90°の範囲で回す．

---

[5] 装置によって目盛板が違うこともあるので注意．

問題 1　実験1と実験2について，メーターが極大と極小のときの送受信アンテナを図示する．アンテナに沿った方向で振動している成分が電場だとして，電磁波が横波であることを図示する．受信機は送信アンテナから発生した電磁波により受信アンテナの中で動かされた電子を電流として検出している．逆に言うと受信アンテナの中で電子が大きく動かされた方がよく電磁波をとらえられる．この考えに基づいて実験1と実験2の結果を説明せよ．

実験3.　再び最大電流になるように送信アンテナと受信アンテナを調節する．次に両アンテナの中間に"金属すだれ"を置く．最初はアンテナと金属すだれの線が平行になるようにする (これを 0° とする)．金属すだれを 0° から 180° まで 15° ごとに回転させて，受信電流を読みグラフにする．なぜアンテナと金属すだれの線が平行のとき受信機の電流は小さくなるのか？

実験4.　実験3と同様の実験を，受信アンテナの方向を実験2で調べた最小電流になる向きにして行い，グラフにする．

問題 2　実験3.と4.の結果の違いを問題1で答えた内容も踏まえて説明せよ．
受信電流が小さくなったときには，送信アンテナから送られた電磁波はどうなるのか？

回折

実験5.　この実験では，電磁波がスリットを通り抜けるときの通り抜けやすさをスリットの幅を変えながら測定する．まず，金属すだれを取り除き，送受信の両アンテナが平行のときの受信電流を測定・記録する．次に送受信アンテナの間に図9.6のように「回折台」を置く．

そして，アルミ板を全部つけた状態で受信電流値を記録する．次に，7番のアルミ板を外して (スリットの間隔 10 cm) 電流値を記録する．以下，8番と6番のアルミ板，9番と5番のアルミ板

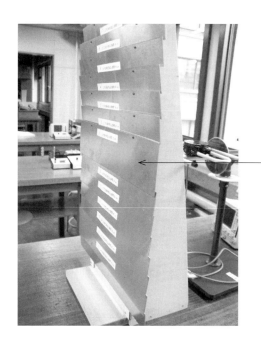

この写真では電磁波を遮るように，全部のアルミ板が装着されている．中央の7番のアルミ板を取り外すと，縦方向に 10 cm のスリットが開き，以降，8番と6番，9番と5番というように上下のアルミ板の組を取り外すことによってこのスリットの幅が 10 cm ずつ広がってゆく．
測定が終了したら，元のようにアルミ板を台に戻す．この操作は丁寧に行うこと．この金属板回折台の木の部分は電磁波に影響を与えることはない．

図9.6　回折台

というように上下のアルミ板を外すことにより，スリットの間隔を約 10 cm ずつ広げ，受信電流を記録する．

　　実験終了後にアルミ板を元通りに回折台に戻す．

　横軸に間隔，縦軸を受信機の電流値をとって，グラフを書きなさい (回折台のないときの受信機の電流値も水平の点線で記入する)．

問題 3　電磁波が伝搬する速さを 3.00×10^8 m/s として電磁波の波長を計算せよ．この波長とスリットの間隔，受信電流の強度の関係はおおよそどのようになっているか？
スリットの間隔が電磁波の波長より短くなると急激に通りにくくなる (通り抜けられないわけではない) ことがわかるはずである．

反射

実験6.　金属板をキャスターの上に立て，送信アンテナと向かい合わせて高さを調節する．実験台側面にはられたテープの印 (10 cm 間隔) にあわせて，送信アンテナを金属板から遠ざけ，発信機の強度メーターを読む．最近接の位置 (約 15 cm) から 10 cm ごとに 1.5 m 以上移動させて，距離と強度の関係をグラフにする．

　実験 6. の測定では受信機は使わないので，測定の邪魔にならないように離しておく．

問題 4　グラフの形は，問題 3 で計算した波長とどのような関係にあるか．グラフに書いた発信機の強度メーターの極大および極小の状態ではどのようなことが起こっていると考えられるか？

実験 II　短波実験 (情報信号の乗せ方 ··· 変調)

　現在の携帯電話からレーザー通信まで，これらの通信機器はすべて電磁波を媒体として「情報」を送っている．では，電磁波はどのような方法で「情報」の伝達をするのだろうか．簡単にいえば，情報を送る側は，電磁波 (搬送波とよぶ) を「情報」によって変形し (「変調する」という)，変調した電磁波を送信する．そして，受け取る側は変調された電磁波から，変調のもとになった「情報」を取り出す (「復調する」という)．現在，変調する方式には情報をアナログのまま使用する方式 (アナログ変調)，デジタル信号で搬送波を変調するデジタル変調，パルスの振幅・幅・位相・符号などで変調するパルス変調などがある．直感的に理解しやすいのはアナログ方式であり，ラジオに使われている振幅変調 (AM : Amplitude modulation) と周波数変調 (FM : Frequency modulation) は名前を耳にしたことがあるであろう．その他に位相変調 (PM : Phase modulation) も使われる．

　本実験では直感的に理解しやすい「振幅変調」について実際の搬送波やそれを変調したものを観察して情報の伝え方を調べよう．振幅変調については (参考 2) を参照のこと．

　ここでは，オシロスコープでも見ることができる長い波長の電磁波を使う．すべての通信で搬送波 (この実験では 7 MHz 帯の短波) を情報信号で変調して (変形して) 送受信する．

実験7. 搬送波を見る (7 MHz 帯の電磁波)

混信を避けるため送信部と受信部は周波数をそろえたものが同じ番号でセットになっている.

1) まず短波送信部の PS IN に AC アダプターを接続し,電源を入れる.次に液晶オシロスコープ (以下オシロスコープ) の電源を入れる.

2) 送信部の出力モニター端子 RF MONI. とオシロスコープの CH1 を同軸ケーブルでつなぐ.送信部の MOD.SEL.は MOD.IN. オシロスコープの画面上に黄色の輝線 (CH1) と紫色の輝線 (CH2) が見えていたら画面右の ⬭2 ボタンを2回押して CH1 だけを表示させ,AUTO SETUP ボタンを押して送信波をオシロスコープで観察する.画面右側の設定条件などのメニュー表示は,右上の SAVE RECALL を2回押すと消える.

3) 短波受信部の電源 (PS.IN) は専用線を用いて,送信部の PS.OUT に接続する (1つの AC アダプターで使用できるようになっている).受信部のアンテナのみ3段に伸ばす.送信部のアンテナを伸ばすと実験台の間で混信が起こるため,送信部のアンテナは伸ばさないこと.

4) 短波受信部の受信モニター端子 RF MONI. とオシロスコープの CH2 を同軸ケーブルで接続する.

5) 送信部と受信部のアンテナを約 10 cm 離して設置する.受信部の LEVEL ADJ. を調節して,電流計が 50～80 µA くらいにする.受信信号が弱いときには送信部と受信部を背中合わせに隣接させるくらい近づける.

オシロスコープで CH2 の振幅 (受信部の信号) を見るには,まず AUTO SETUP ボタンを押す.すると CH1 と CH2 の信号が画面に現れる.CH2 の信号のみ表示したいときには,オシロスコープの画面右側の ⬭1 ボタンを2回押して CH1 信号を消す.⬭1 ボタンをもう一度押すと再び CH1 と CH2 の信号が画面に現れる.

6) オシロスコープで CH1 と CH2 の波形を同一画面で表示させ,実験ノートにスケッチする.

実験8. 情報としての発振器 (ファンクションジェネレーター) の正弦波を確かめよう

7) ファンクションジェネレーターの電源を入れる.波形は ⏦ ボタンで正弦波を選び,FREQUENCY で周波数を 150～350 (kHz) に合わせる.オシロスコープの CH1 とファンクションジェネレーターの OUTPUT 出力を同軸ケーブルで接続する.

8) オシロスコープの AUTOSET を押して信号が見えたら,CH1 の垂直感度を VERTICAL の下の PUSH FINE/COARSE つまみを回して 2VOLT/DIV にする.そしてファンクションジェネレーターの出力電圧 V_{pp} を OUTPUT LEVEL つまみを回して,5.0 V,つまり,オシロスコープ上の PEAK TO PEAK を 2.5 DIV にする.

情報 (正弦波) を搬送波にのせてみよう (変調)

9) ファンクションジェネレーターの出力は 7) のままにして,オシロスコープの CH1 からはずし,短波送信部の MOD.IN に接続する.送信部の MOD.SEL. は MOD.IN になっていることを確認する.

受信部の RF MONI. とオシロスコープの CH2 を同軸ケーブルで接続する.

送信部の RF MONI. とオシロスコープの CH1 を同軸ケーブルで接続する.

液晶オシロスコープの AUTOSETUP を押す.PUSH FIND LEVEL (いわゆるトリガーレベル) を動かして画面のゆれを落ち着かせ,HORIZONTAL の下の PUSH ZOOM つまみを回して時間軸を 50 ns～2000 µs にして,特徴的な時間スケールの画面を6つくらい実験ノートにスケッチする.STOP

SINGLE ボタンを押して画面を固定することもできる．固定の解除は左側の AUTO ボタンでできる．(参考 2) の図 9.10 のような波形も見られるはずである．送信部と受信部の波形は同じか？ 異なるか？

搬送波に情報として自分の声をのせてみよう (配線はそのまま)

問題 5 マイクロフォンを短波送信部の MIC に接続し，電源を入れる．MOD. SEL. は MlC. ファンクションジェネレーターを off，オシロスコープの時間軸を 1〜2 ms にして，CH1 だけにして，マイクから母音 (a, i, u, e, o) を入れ，CH1 の波形を実験ノートにスケッチする．

問題 6 オシロスコープを再度 AUTOSET したあと，時間軸を 1〜2 ms にする．再びマイクから母音を入れ，送信部側の CH1 と受信部側の CH2 の波形を確認してから実験ノートにスケッチする．両方の波形は同じか？ 異なるか？

問題 7 受信部のイヤホンジャックにヘッドホンを接続し，送信部で送る共同実験者の声を聴く．ヘッドホンで聴く音質は生の音と異なるか？

問題 8 搬送波上の情報を取り出すことを復調検波というのに対して，情報をのせることを何というか？ 実験が終わったら短波実験装置から AC アダプターを抜く．

(**参考 1**) Maxwell の方程式とそれにもとづく電磁波の導出は電磁気学を修得する前ではやや難易度が高いが，実験内容を深く理解するために重要なものであるので，ここに概要をまとめておく．詳しくは電磁気学の教科書を参照のこと．

Maxwell の方程式は積分形と微分形の 2 通りの表現がある．

積分形は，

$$\int_S D_n \, \mathrm{d}S = (\text{閉曲面 S 内の真電荷の和}) \tag{9.1}$$ ガウスの法則

$$\oint_C \boldsymbol{E} \cdot \mathrm{d}\boldsymbol{r} = \frac{\mathrm{d}}{\mathrm{d}t} \int_S B_n \, \mathrm{d}S \tag{9.2}$$ 磁束密度 (磁場) の変化による電場の誘導

$$\int_S B_n \, \mathrm{d}S = 0 \tag{9.3}$$ 磁束密度 (磁場) に関するガウスの法則

$$\oint_C \boldsymbol{H} \cdot \mathrm{d}\boldsymbol{r} = \sum_j I_j + \frac{\mathrm{d}}{\mathrm{d}t} \int_S D_n \, \mathrm{d}S \tag{9.4}$$ 電束密度 (電場) の変化と電流による磁場の誘導 (一般化したアンペールの法則)

ここで $\boldsymbol{D}$ は電束密度，$\boldsymbol{E}$ は電場，$\boldsymbol{B}$ は磁束密度，$\boldsymbol{H}$ は磁場であり，これらは電磁場に対する物質の応答を表す以下の式を介して実際の物質が示す現象と結びつく．

$$\boldsymbol{D} = \varepsilon \boldsymbol{E}, \qquad \boldsymbol{B} = \mu \boldsymbol{H}, \qquad \boldsymbol{i} = \sigma \boldsymbol{E}$$

ここで μ は透磁率，ε は誘電率，σ は電気伝導率，$\boldsymbol{i}$ は電流密度である．

微分形は上の積分形の式を局所的な表現にしたもので，

$$\mathrm{div}\,\boldsymbol{D} = \rho \qquad\qquad (9.1')^{6)} \qquad\qquad \mathrm{rot}\,\boldsymbol{E} = -\frac{\partial \boldsymbol{B}}{\partial t} \qquad\qquad (9.2')^{7)}$$

$$\mathrm{div}\,\boldsymbol{B} = 0 \qquad\qquad (9.3') \qquad\qquad \mathrm{rot}\,\boldsymbol{H} = \boldsymbol{i} + \frac{\partial \boldsymbol{D}}{\partial t} \qquad\qquad (9.4')$$

となる．ここで ρ は電荷密度である．

この Maxwell の方程式の微分形から真空中で伝導電流も真電荷もない場合 ($\boldsymbol{i} = \boldsymbol{0}$, $\rho = 0$) について電磁波の式を導こう．真空の透磁率と誘電率を μ_0 と ε_0 で表すと，$(9.1')\sim(9.4')$ は，

$$\mathrm{div}\,\boldsymbol{E} = 0, \qquad\qquad (9.1'') \qquad\qquad \mathrm{rot}\,\boldsymbol{E} = -\mu_0 \frac{\partial \boldsymbol{H}}{\partial t} \qquad\qquad (9.2'')$$

$$\mathrm{div}\,\boldsymbol{H} = 0, \qquad\qquad (9.3'') \qquad\qquad \mathrm{rot}\,\boldsymbol{H} = \varepsilon_0 \frac{\partial \boldsymbol{E}}{\partial t} \qquad\qquad (9.4'')$$

となる．

簡単のために初めから波は x 方向に伝わる平面波として考えよう．すると $\boldsymbol{E}$ も $\boldsymbol{H}$ も x と t だけの関数になる（$\boldsymbol{E}$ や $\boldsymbol{H}$ に y 成分や z 成分がないと言っているのではない．E_y や E_z は y や z によらない．同様に H_y や H_z は y や z によらないということである）．

ここで div や rot の各成分を Maxwell の方程式から愚直に計算してみよう．

まず $(9.1'')$ の $\mathrm{div}\,\boldsymbol{E} = 0$ について考えると，

$$\mathrm{div}\,\boldsymbol{E} = \frac{\partial E_x}{\partial x} + \frac{\partial E_y}{\partial y} + \frac{\partial E_z}{\partial z} = 0 \tag{9.5}$$

ところで，E_y や E_z は y や z によらないので $\dfrac{\partial E_y}{\partial y} = 0$, $\dfrac{\partial E_z}{\partial z} = 0$ であり，

$$\frac{\partial E_x}{\partial x} = 0 \tag{9.6}$$

となる．次に，$\mathrm{rot}\,\boldsymbol{H} = \varepsilon_0 \dfrac{\partial \boldsymbol{E}}{\partial t}$ $(9.4'')$ について考えると，$\boldsymbol{H}$ が x と t だけの関数であるので，

$$\mathrm{rot}\,\boldsymbol{H} = \left(\frac{\partial H_z}{\partial y} - \frac{\partial H_y}{\partial z}, \frac{\partial H_x}{\partial z} - \frac{\partial H_z}{\partial x}, \frac{\partial H_y}{\partial x} - \frac{\partial H_x}{\partial y} \right)$$

$$= \left(0, -\frac{\partial H_z}{\partial x}, \frac{\partial H_y}{\partial x} \right) = \varepsilon_0 \frac{\partial \boldsymbol{E}}{\partial t} = \left(\varepsilon_0 \frac{\partial E_x}{\partial t}, \varepsilon_0 \frac{\partial E_y}{\partial t}, \varepsilon_0 \frac{\partial E_z}{\partial t} \right) \tag{9.7}$$

したがって (9.7) から，

$$\frac{\partial E_x}{\partial t} = 0 \tag{9.8}$$

となる．(9.8) と (9.6) の $\dfrac{\partial E_x}{\partial x} = 0$ を合わせて x 方向の電場の成分 E_x は時間的にも空間的にも変化しない静電場であることがわかる．そこで，簡単のために

$$E_x = 0 \tag{9.9}$$

としよう．$\mathrm{div}\,\boldsymbol{H} = 0$ $(9.3'')$ と $\mathrm{rot}\,\boldsymbol{E} = -\mu_0 \dfrac{\partial \boldsymbol{H}}{\partial t}$ $(9.2'')$ についても，$\mathrm{div}\,\boldsymbol{E} = 0$ $(9.1'')$ と $\mathrm{rot}\,\boldsymbol{H} = \varepsilon_0 \dfrac{\partial \boldsymbol{E}}{\partial t}$ $(9.4'')$ について行ったのと同様の議論により

$$H_x = 0 \tag{9.10}$$

とおけるから，振動する $\boldsymbol{E}$ と $\boldsymbol{H}$ は x 成分をもたない．つまり，電磁波は進行方向に対して振幅が横向きの方向に変化する横波であることがわかる．

---

6) div は $\left(\dfrac{\partial}{\partial x}, \dfrac{\partial}{\partial y}, \dfrac{\partial}{\partial z} \right)$ との内積をとる演算で，発散と言われる．

7) rot は $\left(\dfrac{\partial}{\partial x}, \dfrac{\partial}{\partial y}, \dfrac{\partial}{\partial z} \right)$ との外積をとる演算で，回転と言われる．

ここで，$\boldsymbol{E}$ は y 成分や z 成分をもっていて良いのであるが，y 成分だけをもっているとする（$\boldsymbol{E}$ が変化する方向を y 軸に選ぶ，と考えればよい）．そうすると，$E_x = 0$ に加えて $E_z = 0$ となるので，これを $\operatorname{rot}\boldsymbol{E} = -\mu_0 \dfrac{\partial \boldsymbol{H}}{\partial t}$ (9.2″) に代入すると，

$$\operatorname{rot}\boldsymbol{E} = \left(\frac{\partial E_z}{\partial y} - \frac{\partial E_y}{\partial z}, \frac{\partial E_x}{\partial z} - \frac{\partial E_z}{\partial x}, \frac{\partial E_y}{\partial x} - \frac{\partial E_x}{\partial y}\right) = \left(0, 0, \frac{\partial E_y}{\partial x}\right)$$

$$= -\mu_0 \frac{\partial \boldsymbol{H}}{\partial t} = \left(-\mu_0 \frac{\partial H_x}{\partial t}, -\mu_0 \frac{\partial H_y}{\partial t}, -\mu_0 \frac{\partial H_z}{\partial t}\right) = \left(0, -\mu_0 \frac{\partial H_y}{\partial t}, -\mu_0 \frac{\partial H_z}{\partial t}\right) \tag{9.11}$$

となり，$\dfrac{\partial H_y}{\partial t} = 0$ となる．結局，$\operatorname{rot}\boldsymbol{E} = -\mu_0 \dfrac{\partial \boldsymbol{H}}{\partial t}$ の中身で残るのは

$$\frac{\partial E_y}{\partial x} = -\mu_0 \frac{\partial H_z}{\partial t} \tag{9.12}$$

だけである．$\operatorname{rot}\boldsymbol{H} = -\varepsilon_0 \dfrac{\partial \boldsymbol{E}}{\partial t}$ についても同様に考えると，

$$\operatorname{rot}\boldsymbol{H} = \left(0, -\frac{\partial H_z}{\partial x}, \frac{\partial H_y}{\partial x}\right) = -\varepsilon_0 \frac{\partial \boldsymbol{E}}{\partial t} = \left(0, \varepsilon_0 \frac{\partial E_y}{\partial t}, 0\right) \tag{9.13}$$

から，$\dfrac{\partial H_y}{\partial x} = 0$．これと (9.11) から得られる $\dfrac{\partial H_y}{\partial t} = 0$ をあわせて，H_y は時間的にも空間的にも変化しない静磁場であることがわかる．簡単のためにこれを 0 としよう．すると $\boldsymbol{H}$ は z 成分だけをもち，y 成分だけをもつ $\boldsymbol{E}$ に直交する（図 9.7）．そして，(9.13) の中で残るのは，

$$-\frac{\partial H_z}{\partial x} = \varepsilon_0 \frac{\partial E_y}{\partial t} \tag{9.14}$$

だけである．(9.12) と (9.14) をあわせて H_z を消去すると (9.15) が，E_y を消去すると (9.16) が得られる．

$$\frac{\partial^2 E_y}{\partial t^2} = \frac{1}{\varepsilon_0 \mu_0} \frac{\partial^2 E_y}{\partial x^2} \tag{9.15}$$

$$\frac{\partial^2 H_z}{\partial t^2} = \frac{1}{\varepsilon_0 \mu_0} \frac{\partial^2 H_z}{\partial x^2} \tag{9.16}$$

これらはどちらも波動方程式であり，

$$E_y(x, t) = E_0 \sin(kx - \omega t) \tag{9.17}$$

という形の解をもつ．この式の形を見てみると，$kx = \omega t$ であるような x では sin 関数の中身が 0 になっていて，波は振幅をもたない．つまり節になっている．その節は $x = \dfrac{\omega}{k} t$ の位置にあって，速さ $\dfrac{\omega}{k}$ で伝わっていく．これは波が速さ $\dfrac{\omega}{k}$ で伝わっていくということと同じである．その速さを c とすると，真空中では

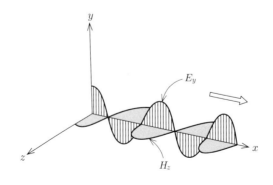

図 9.7

$$c = \frac{\omega}{k} = \sqrt{\frac{1}{\varepsilon_0 \mu_0}}$$

となる．実際に真空中の透磁率と誘電率の値を入れて計算すると $c = 2.9979 \times 10^8\,\mathrm{m/s}$ となり，光速に等しくなる．こうして，長く正体が不明であった光波は，振動する電場と磁場が空間を伝わる電磁波にほかならないことが確認された．ヘルツ (H. R. Hertz, 1857～1894) が電気振動によって電磁波を人工的に発生させ，反射，屈折・偏りなどの性質が光とまったく同じであることを実験的に示して，光が電磁波であるというマクスウェルの理論を実証したことは有名である．

(参考2) 振幅変調 (Amplitude Modulation, AM)

現在中波ラジオ (AM 放送) や短波放送はこの変調方式を使っている．

搬送波 (電磁波) が振幅を A，角振動数を ω_c，位相を θ_c とした正弦波であるとすれば

$$f(t) = A \cos(\omega_\mathrm{c} t + \theta_\mathrm{c})$$

で表すことができる (図 9.8)．

そして，変調波 (送ろうとしている情報) も正弦波とし，角振動数を ω_m (ここで $\omega_\mathrm{c} \gg \omega_\mathrm{m}$)，位相を θ_m とすれば (図 9.9)

$$v(t) = \cos(\omega_\mathrm{m} t + \theta_\mathrm{m})$$

となる変調を受けた電磁波は，結局

$$F(t) = A[1 + M \cos(\omega_\mathrm{m} t + \theta_\mathrm{m})] \cos(\omega_\mathrm{c} t + \theta_\mathrm{c})$$

のように書ける (図 9.10)．

それぞれの波形の様子は，図 9.8～9.10 のようになる．

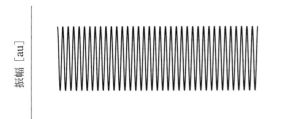

図 **9.8** 情報を運ぶ搬送波：情報より短波長．
$f(t) = A \cos(\omega_\mathrm{c} t + \theta_\mathrm{c})$

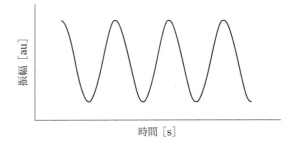

図 **9.9** 情報としての変調信号：
正弦波 $v(t) = \cos(\omega_\mathrm{m} t + \theta_\mathrm{m})$

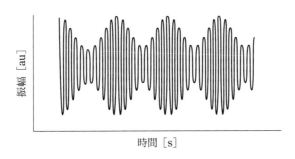

図 **9.10** 情報ののった搬送波：$F(t) = A[1 + M \cos(\omega_\mathrm{m} t + \theta_\mathrm{m})] \cos(\omega_\mathrm{c} t + \theta_\mathrm{c})$

AM，FM，PM は，見かけの変調された波形は異なるが，上で述べたようにいずれにしても搬送波の波形を変形させることに変わりはない．

　復調の方法などについては，さらに進んだ教科書などを参照されたい．

課題 *10* GM管による β 線の測定

(1) 目　的

　GM 計数装置を用いて，β 線 (高速の電子線) を計測し，GM 計数管の電圧特性を調べる．次に線源をアルミニウムでしゃへいし，透過してくる β 線の強さ (計数率) とアルミ箔の厚さとの関係を調べ，β 線の吸収曲線をつくる．これから**質量吸収係数**や**半価層**を求める．なお，放射線関係の用語 (**計数率**，質量吸収係数，**面積質量**，半価層など) について修得する．

実験上の注意

1)　線源の取り扱いは十分慎重に行うこと．特に放射性物質が塗布してある部分には，絶対に触れないこと．

2)　GM 計数装置にかける電圧は 1350 V 以上にならないよう注意すること．

(2)　GM 計数管の構造と原理

　ガイガー-ミュラー計数管 (略して GM 管) は一種のガス入り 2 極管で，いろいろな構造のものがある．この実験で使用する β 線用の端窓型計数管では，図 10.1 に示すように，同心円筒の陰極 (銅，ステンレスなど) と中心線に沿ってはられた 0.1 mm 直径の陽極 (タングステン線) の間にガスが封入してある．放射線を雲母窓から入射させ，電極間に適当な電圧 (1000 V くらい) をかけて測定する．

　放射線が GM 管に入射すると，管内の気体は電離して，正イオンと電子になる．つくられた電子は気体

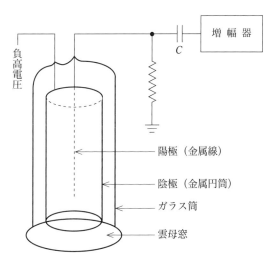

図 10.1　端窓型 GM 計数管の構造

分子と衝突しながら陽極の方に走り，陽極付近の強い電場で加速され，大きな運動エネルギーをもつようになる．こうなった電子は気体分子と衝突して電離を引き起こす．この電離によって生じる電子も，同様に電場によって加速され，他の気体分子を電離するから，多数の電子が発生する (なだれ現象)．これが陽極に流れ込み放電が始まる．

　封入ガスがアルゴンなどの不活性気体だけだと，この放電は止まらない．そこで，エチルアルコールなどの有機消滅ガスを少量混入させる．このようにすれば，一度，始まった放電を短時間で消去することができるから，放射線が引き金で発生した放電はパルスとなる．管内を通過した放射線量は発生したパルスの個数を計測することにより求めることができる．

　発生したパルスの個数を<u>計数</u>，1 分間あたりの計数を<u>計数率</u>といい，放射線量はこの計数率 (単位は cpm) によって表す．

a.　崩壊の法則

　ある放射性元素が放射線を出して dt 時間に崩壊する原子の数 dN は，そのとき存在する原子の数 N と時間 dt に比例することが知られているので，λ を比例定数として，

$$-dN = \lambda N\, dt \tag{10.1}$$

と書ける．

$$\therefore \quad \lambda = \frac{-dN}{N\, dt}$$

λ を崩壊定数という．(10.1) 式より

$$N = N_0\, e^{-\lambda t} \tag{10.2}$$

という式が得られる．N_0 は $t = 0$ のときの原子の数である．

　時間が $\dfrac{1}{\lambda}\ (= \tau)$ たった後では原子の数は $\dfrac{1}{e} N_0$ になっている．この τ を平均寿命という．

　原子の数が $t = 0$ のときの数の半分になるまでの時間を**半減期**という．半減期を T とすると

$$N_0\, e^{-\lambda T} = \frac{1}{2} N_0 \tag{10.3}$$

と書けるから

$$T = \frac{1}{\lambda} \ln 2 = \frac{0.693}{\lambda} = 0.693\tau \tag{10.4}$$

半減期には 10^{10} 年という長いものから 10^{-6} 秒という短いものまでいろいろある．

問題 1　(10.1) 式より崩壊速度は $-\dfrac{dN}{dt} = \lambda N$ となり，未崩壊原子が多いほど速いことを表している．このように，減少する速度がそこに存在するある量に比例するような現象は，ほかにどんなものがあるか，知っているものや調べたものを，その関係がわかるように示せ．

問題 2　単位時間に放射線を多く出すものは，半減期が長いのか，短いのか．

問題 3　ラジウム 1 g 中の原子数を 2.66×10^{21} 個，半減期を 1.60×10^3 年として，1 g のラジウムは毎秒 3.64×10^{10} 個の原子の崩壊を行うことを示せ．

　物質から放射線 (α 線，β 線あるいは γ 線) が放出される性質を放射能というが，放射能の量は，単位時間に崩壊する原子の数で表す．放射能の単位は Bq (ベクレル) で，1 g のラジウムの放射能がほぼ 1 Ci である．

b. β 線の吸収

β 線が物質中を通るとき励起やイオン化など物質との相互作用により次第にエネルギーを失うから，物質の厚さが増すと β 線の強度 (β 粒子の数) は減少する．

厚さ dx の物質層を通る間に吸収され，減少する割合はその層に入る前に存在していた β 粒子の数 n に比例するから

$$-\frac{dn}{dx} = \mu n \tag{10.5}$$

μ をその物質の線吸収係数という．

入射前に n_0 個あったとすると，厚さ x の層を通った後の粒子数は，上式より

$$n = n_0 \, e^{-\mu x} \tag{10.6}$$

となる．

線吸収係数を密度で除した値を**質量吸収係数**といい μ_m と書く．

$$\mu_m = \frac{\mu}{\rho} \tag{10.7}$$

これを使えば

$$n_s = n_0 \, e^{-\mu_m \rho x} \tag{10.8}$$

となる．

放射線関係では，**物質層の密度と厚さの積** ρx を単に「**吸収体の厚さ**」という．単位は $\frac{mg}{cm^2}$ である (**面積質量**ということもある)．

c. 吸 収 曲 線

吸収体の厚さ $\left[\frac{mg}{cm^2}\right]$ と透過する β 粒子の数 [cpm] の関係を示したものが吸収曲線である (図 10.4 参照)．

β 線の強さが入射前のちょうど半分になるような吸収体の厚さを半価層という．

いま，物質層の厚さを x' [cm] と表せば，吸収体の厚さとしては $\rho x'$ となるから，(10.8) 式より

$$\frac{1}{2}n_0 = n_0 \, e^{-\mu_m \rho x'}$$

となり，質量吸収係数 μ_m の値がわかる．

d. 計数率の誤差

一定の強さの放射線を GM 計数管で一定時間繰り返し測定すると，計数はある値を中心に変動する．この変動は，原子核が放射線を放出する現象が一定の確率で起こる確率過程であるからポアソン分布に従うが，N が十分大きい場合は**正規分布** (または**ガウス分布**) と呼ばれる確率分布に従っていると考えてよい．

ポアソン分布の場合，T 分間計測し，得られた計数が N なら，この測定の標準偏差は $\sqrt{N}$，**計数率** ($n = N/T$) の**標準偏差**は $\sqrt{N}/T$ となる．これは，測定時間を長くすれば，計数率の標準偏差，すなわち誤差が小さくなることを意味する．

一般に，測定結果には，測定精度の目安として標準偏差を，たとえば $155 \pm 12\,\mathrm{cpm}$ のように付記する.

(3)　実　　験

a.　プラトー特性

　印加電圧と計数率の関係をグラフにしてみる.

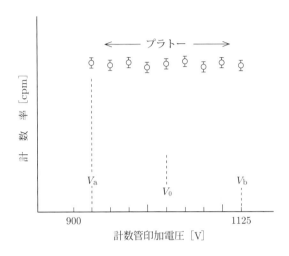

図 **10.2**　GM 計数管のプラトー特性

1) カウンターの裏の HV LIMIT の窓に 136 が表示されていることを確認せよ. もしそうなっていなかったら，HV LIMIT のつまみをゆっくり右にまわして 136 にする. これで印加電圧の上限を 1360 V に決めたことになる.
2) 線源をスタンドの下から 4 段目に入れる.
3) HV ADJ つまみが左いっぱいにまわっていることを確かめる.
4) 電源スイッチが OFF になっていることを確かめ，電源コードをコンセントにつなぎ，スイッチを ON にする.
5) PRESET TIME (min) を 1.0 min に設定する.

$$T = 1.0 \, 分 \quad (図 10.3 \, 参照)$$

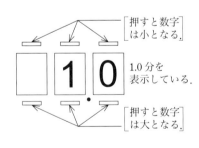

図 **10.3**

6) HV ADJ つまみを少しずつ右にまわしていき 900 V にする. (末尾の数字がときどき変動するかもしれないが，それはそのままでよい.) これで GM 管に 900 V 印加したことになる.
7) ここではじめて RESET COUNT を押す. 1.0 分経過すると COUNT が止まり，その間のカウント数 N が表示されるからこれを記録する.

8) 次に HV ADJ を少しまわして 925 V にし，RESET COUNT を押す．(押した時点で今までのカウントは 0 に戻ってしまい，離した時点で新しくカウントするようになっている．) 1.0 分経過すると COUNT が止まり，カウント数 N が表示されるから記録する．

9) 以下同様に印加電圧を 25 V ずつ上げていき，そのたびごとのカウント数 N を記録する．カウントが「0」でない点を 7 点とれば終了する．

注 意： もし印加電圧が LIMIT をオーバーすると LIMIT OVER ランプがつく．このときはまず HV ADJ つまみを左いっぱいにまわし，次に裏の RESET スイッチを押せば，ランプは消えて状況は解除される．これでプラトー特性のデータはとれたのでいったん実験を終える．

10) HV ADJ つまみを静かに左いっぱいにまわし印加電圧を下げておく．

11) 計数率 N/T とその標準偏差 $\sqrt{N}/T$ を計算する．

12) 図 10.2 のように**横軸に印加電圧を，縦軸に計数率をとった**グラフをつくる．各計数率の標準偏差値は誤差棒という記号で図中に示しておく．

b. 使用電圧の決定

使用電圧は，普通このプラトー特性から $V_0 = (V_\mathrm{a} + V_\mathrm{b})/2$ を求め，この V_0 の近くの合わせやすい電圧を使用電圧として用いる．V_0 はいくらか．(図 10.2 では $V_\mathrm{a} = 925\,\mathrm{V}$，$V_\mathrm{b} = 1125\,\mathrm{V}$ より，$V_0 = 1025\,\mathrm{V}$ と求まる．)

今後，実験では印加電圧は V_0 とする．

c. バックグラウンドの決定

ここで線源以外の放射線 (たとえば宇宙線など) の計数 N_b を測定しておく．このため

1) スタンドから線源を取り出して遠くに置いておく．

2) GM 管に印加電圧 V_0 を与える．

3) バックグラウンドの測定時間は 3 分間とする．このため PRESET TIME (min) を 3.0 min に設定せよ．

4) RESET COUNT を押し N_b を求めてこれを記録しておく．

d. アルミ箔を透過した β 線の測定

今度は線源の上にアルミ箔を 1 枚ずつのせていき，β 線がどのように吸収されていくか調べる．

箱の中にはマウントにはさんだアルミ箔 5 枚ある．まず印加電圧が V_0 になっていることを確かめ

1) 線源をスタンドの下から 4 段目に入れる．

2) はじめに 0 枚のとき (何ものせないとき) の計数を測定せよ．時間は 2 分間とする．

3) 次にアルミ箔を 1 枚線源の上にのせて 3 分間測定せよ．のせ方は十分線源を覆うようにすること．

4) 以下 2 枚で 4 分間，4 枚で 5 分間，6 枚で 8 分間，8 枚で 10 分間，10 枚で 12 分間それぞれ測定せよ．それらの数値を記録する．

測定終了でカウンターを使わなくなったときは

1) HV ADJ つまみをゆっくり左いっぱいまでまわし印加電圧を下げておく．

2) スイッチを OFF にする．

3) 電源コードをコンセントから抜く．

e. 結果の解析

1) バックグラウンドの計数率 $\dfrac{N_{\mathrm{b}}}{T_{\mathrm{b}}}$ を差し引いた線源のみによる計数率 $n_{\mathrm{s}} = \dfrac{N_i}{T_i} - \dfrac{N_{\mathrm{b}}}{T_{\mathrm{b}}}$ と，その標準偏差 $\sigma = \pm\sqrt{\left(\dfrac{\sqrt{N_i}}{T_i}\right)^2 + \left(\dfrac{\sqrt{N_{\mathrm{b}}}}{T_{\mathrm{b}}}\right)^2}$ を計算せよ．T は測定時間である．

2) 片対数方眼紙の横軸に吸収体 (アルミ箔) の**面積質量** ρx を，縦軸 (対数目盛) には**計数率** n_{s} をとってグラフをつくれ (図 10.4).

   注　意： 放射線計測では吸収体の厚さのことを**面積質量**という．

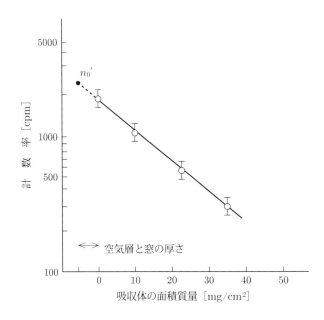

図 10.4 β 線の吸収特性

ここでアルミ箔の密度は $2700\,\mathrm{mg/cm^3}$ とし，厚さは $0.0040\,\mathrm{cm}$ とする．

3) アルミ箔をのせないときでも線源から GM 管までの空気の層が β 線を吸収するし，また GM 管の窓も β 線を吸収するから，これらのことを考慮してグラフを補正しなければならない．図 10.4 のように横軸の面積質量 0 のところから左の方に**空気層と窓厚**の面積質量をとり，その点に立てた縦軸とグラフの延長との交点を n_0' とする．n_0' とはどういう値か述べよ．<u>n_0' の値はいくらか．</u>

4) グラフの実験式はどうなるか．

5) **半価層** $\left(n_s = \dfrac{1}{2}n_0'\text{ となるときの吸収体の厚さ}\right)$ はいくらか．

6) (10.8) 式から質量吸収係数 μ_{m} を表す式を導け (両辺の対数をとればよい).

7) <u>μ_{m} の値はいくらか．</u>

注　意： 線源をスタンドの下から 4 段目に入れたとき空気層の厚さ (面積質量) は $4.2\,\mathrm{mg/cm^2}$ とする．窓厚は GM 管の外側に表示されている．

f. RaDEF 標準線源

本実験で用いている RAD 標準線源は核種としては $^{210}\mathrm{Pb}$-$^{210}\mathrm{Bi}$ で，β 線標準体として最も便利なものである．少量の鉛を担体として RaD ($^{210}\mathrm{Pb}$) を $\mathrm{PbO_2}$ の形で銀板上に電着したものである．

下記の壊変系列で β 線としては RaD からの β 線のエネルギーは非常に小さく，計測にかからず，RaE

からの 1.17 MeV の β 線を計測している．α 線は空気層で吸収され出てこない．

$$\text{RaD} \ (^{210}\text{Pb}) \ \xrightarrow[\beta\,(0.017\,\text{MeV})]{22.3\,\text{yr}} \ \text{RaE} \ (^{210}\text{Bi}) \ \xrightarrow[\beta\,(1.17\,\text{MeV})]{5.01\,\text{day}} \ \text{RaF} \ (^{210}\text{Po}) \ \xrightarrow[\alpha\,(5.30\,\text{MeV})]{138.4\,\text{day}} \ \text{RaG} \ (^{206}\text{Pb})$$

(矢印の上は半減期，下は放射する粒子の種類とそのエネルギー)

線源の強さは 510〜611 Bq ≒ 0.01〜0.02 μCi 程度で，法律上，放射性物質の取り扱い規制は受けない (100 μCi 以上は法律上の制約がある)．

物理実験　2024

2000 年 3 月 20 日	第 1 版　第 1 刷　発行
2024 年 3 月 20 日	第 9 版　第 1 刷　発行
2024 年 3 月 30 日	第 9 版　第 1 刷　発行

編　者　中央大学理工学部物理学科
発 行 者　発 田 和 子
発 行 所　株式会社　学術図書出版社

〒113-0033　　東京都文京区本郷 5 丁目 4 の 6
TEL 03-3811-0889　　振替　00110-4-28454
印刷　中央印刷（株）

定価は表紙に表示してあります.

Memo

Memo

Memo

報告書提出用紙

1

実験日　　　　年　　月　　日　　曜

指	導
	先生

実 験 課 題　　　**単　振　り　子**

気温	℃	湿度	%	気圧	hPa	測定時刻	時　　分

学　　　科	学年	組	番号	班	氏　　　名	共同者(姓のみで可)

月　日	月　　　　日	月　　　　日	月　　　　日
検　印			

以下の欄は記入しないで下さい.

目　　的	
原　　理 方　　法	
デ ー タ	
結　　果	
グ ラ フ	
質問に対 する答	
考　　察	
そ の 他	

物 理 実 験 第　　回 報 告 書

2

実験日　　　　年　　月　　日　　曜

指　　　　　導
先生

実 験 課 題　　**たわみによるヤング率の測定**

気温	℃	湿度	%	気圧	hPa	測定時刻	時　　分

学　　　科	学年	組	番号	班	氏　　　名	共同者(姓のみで可)

月　日	月　　　日	月　　　日	月　　　日
検　印			

以下の欄は記入しないで下さい.

目　　　的	
原　　理 方　　法	
デ ー タ	
結　　果	
グ ラ フ	
質問に対 する答	
考　　察	
そ の 他	

たわみによるヤング率の測定 ①

平均値の平均2乗誤差を求めるのに，実験時間の都合で測定回数を少なくしている．

試料名 _____

回数 n	a [mm]	$v_n = a_n - \bar{a}$	$v_n{}^2$
1			
2			
3			
4			
5			
6			
	$\bar{a} =$	$\sum v_n =$	$\sum v_n{}^2 =$

$\sigma_{\bar{a}} = \sqrt{\dfrac{\sum v_n{}^2}{6(6-1)}} = \sqrt{\dfrac{}{30}} = $ [ ]

$\bar{a} \pm \sigma_{\bar{a}} = \pm $ [ ]

回数 n	b [mm]	$v_n = b_n - \bar{b}$	$v_n{}^2$
1			
2			
3			
4			
5			
6			
	$\bar{b} =$	$\sum v_n =$	$\sum v_n{}^2 =$

$\sigma_{\bar{b}} = \sqrt{\dfrac{\sum v_n{}^2}{6(6-1)}} = \sqrt{\dfrac{}{30}} = $ [ ]

$\bar{b} \pm \sigma_{\bar{b}} = \pm $ [ ]

回数 n	l [mm]	$v_n = l_n - \bar{l}$	$v_n{}^2$
1			
2			
3			
4			
5			
6			
	$\bar{l} =$	$\sum v_n =$	$\sum v_n{}^2 =$

$\sigma_{\bar{l}} = \sqrt{\dfrac{\sum v_n{}^2}{6(6-1)}} = \sqrt{\dfrac{}{30}} = $ [ ]

$\bar{l} \pm \sigma_{\bar{l}} = \pm $ [ ]

回数 n	z [mm]	$v_n = z_n - \bar{z}$	$v_n{}^2$
1			
2			
3			
4			
5			
6			
	$\bar{z} =$	$\sum v_n =$	$\sum v_n{}^2 =$

$\sigma_{\bar{z}} = \sqrt{\dfrac{\sum v_n{}^2}{6(6-1)}} = \sqrt{\dfrac{}{30}} = $ [ ]

$\bar{z} \pm \sigma_{\bar{z}} = \pm $ [ ]

回数 n	x [m]	$v_n = x_n - \bar{x}$	$v_n{}^2$
1			
2			
3			
4			
5			
6			
	$\bar{x} =$	$\sum v_n =$	$\sum v_n{}^2 =$

$\sigma_{\bar{x}} = \sqrt{\dfrac{\sum v_n{}^2}{6(6-1)}} = \sqrt{\dfrac{}{30}} = $ [ ]

$\bar{x} \pm \sigma_{\bar{x}} = \pm $ [ ]

たわみによるヤング率の測定 ②

[mm]	[mm]	[mm]	[mm]	[mm]	[mm]		$v_i = \Delta Y_i - \overline{\Delta Y}$	$v_i{}^2$
$y_0 =$	$y_3 =$	$y_0{}' =$	$y_3{}' =$	$Y_0 =$	$Y_3 =$	$\Delta Y_0 =$		
$y_1 =$	$y_4 =$	$y_1{}' =$	$y_4{}' =$	$Y_1 =$	$Y_4 =$	$\Delta Y_1 =$		
$y_2 =$	$y_5 =$	$y_2{}' =$	$y_5{}' =$	$Y_2 =$	$Y_5 =$	$\Delta Y_2 =$		
						$\overline{\Delta Y} =$	$\sum v_i =$	$\sum v_i{}^2 =$

$$\sigma_{\overline{\Delta Y}} = \sqrt{\frac{\sum v_i{}^2}{3(3-1)}} = \sqrt{\frac{}{6}} = \qquad [\quad]$$

$$\overline{\Delta Y} \pm \sigma_{\overline{\Delta Y}} = \qquad \pm \qquad [\quad]$$

中点の降下量 e を求める.

$$e = \frac{\bar{z} \cdot \overline{\Delta Y}}{2\bar{x}} = \frac{ \times }{2 \times } = \qquad [\quad]$$

ヤング率を求める.

$$\bar{E} = \frac{mg\bar{l}^3}{4\bar{a}^3\bar{b}e} = \frac{ \times \times ()^3}{4 \times ()^3 \times \times } = \qquad [\quad]$$

ヤング率 E の誤差 ΔE を計算すると

$$\Delta E = \left(\frac{3}{600} + 3 \cdot \frac{\sigma_{\bar{a}}}{\bar{a}} + \frac{\sigma_{\bar{b}}}{\bar{b}} + 3 \cdot \frac{\sigma_{\bar{l}}}{\bar{l}} + \frac{\sigma_{\bar{z}}}{\bar{z}} + \frac{\sigma_{\bar{x}}}{\bar{x}} + \frac{\sigma_{\overline{\Delta Y}}}{\overline{\Delta Y}}\right)\bar{E}$$

$$= \left(\frac{3}{600} + 3 \times \frac{}{} + \frac{}{} + 3 \times \frac{}{} + \frac{}{} + \frac{}{} + \frac{}{}\right) \times \bar{E}$$

$$= \qquad [\quad]$$

したがって求めるヤング率は

$$E = \bar{E} \pm \Delta E =$$

物理実験第　　回報告書

3

実験日　　　　　年　　月　　日　　曜

実験課題　　　低温の世界

気温	℃	湿度	%	気圧	hPa	測定時刻	時　　分

学　　科	学年	組	番号	班	氏　　名	共同者(姓のみで可)

月　日	月　　　　日	月　　　　日	月　　　　日
検　印			

以下の欄は記入しないで下さい.

目　的	
原　理 方　法	
データ	
結　果	
グラフ	
質問に対する答	
考　察	
その他	

物 理 実 験 第　　回 報 告 書

| 4 |

実験日　　　　年　　月　　日　　曜

| 指　　　導 |
| 先生 |

実 験 課 題　　　**水 素 ス ペ ク ト ル**

| 気温 | ℃ | 湿度 | % | 気圧 | hPa | 測定時刻 | 時　　分 |

学　　　　科	学年	組	番号	班	氏　　　　名	共同者(姓のみで可)

月　日	月　　　　日	月　　　　日	月　　　　日
検　印			

以下の欄は記入しないで下さい.

目　　的	
原　　理 方　　法	
デ ー タ	
結　　果	
グ ラ フ	
質問に対 する答	
考　　察	
そ の 他	

水素スペクトル

1. カドミウム（Cd）ランプ

カドミウムの赤色スペクトルの次数（±m）	観測者氏名	⑭の位置が左側のとき（マイナス次数）副尺 A, B の読み		⑭の位置が右側のとき（プラス次数）副尺 A′, B′ の読み		⑭の回転角 $2\theta_m$	⑭の回転角 $2\theta_m$	回折角 θ_m
		A	B	A′	B′	A〜A′	B〜B′	
±1 次								
±2 次								
±3 次								

回折格子の格子定数 d を求めると

$$d_1 = \frac{643.8}{\sin\theta_1}\times 1 = \qquad [\quad]$$

$$d_2 = \frac{643.8}{\sin\theta_2}\times 2 = \qquad [\quad]$$

$$d_3 = \frac{643.8}{\sin\theta_3}\times 3 = \qquad [\quad]$$

$$\bar{d} = \qquad\qquad [\quad]$$

2. 水素スペクトル

水素スペクトル線（色）	観測者氏名	⑭の位置が左側のとき（マイナス次数）副尺 A, B の読み		⑭の位置が右側のとき（プラス次数）副尺 A′, B′ の読み		⑭の回転角 2θ	⑭の回転角 2θ	回折角 θ_l
		A	B	A′	B′	A〜A′	B〜B′	
H_α 線（　）								
H_β 線（　）								
H_γ 線（　）								

格子定数の平均値 d を使って水素スペクトルの波長を求める．

$$\lambda_\alpha = \bar{d}\cdot\sin\theta_\alpha = \qquad \times \qquad = \qquad [\quad]$$

$$\lambda_\beta = \bar{d}\cdot\sin\theta_\beta = \qquad \times \qquad = \qquad [\quad]$$

$$\lambda_\gamma = \bar{d}\cdot\sin\theta_\gamma = \qquad \times \qquad = \qquad [\quad]$$

5

実験日　　　　　年　　月　　日　　曜

指	導
	先生

実 験 課 題　　　電子の比電荷の測定

気温	℃	湿度	%	気圧	hPa	測定時刻	時　　分

学　　　科	学年	組	番号	班	氏　　　名	共同者(姓のみで可)

月　日	月　　　日	月　　　日	月　　　日
検 印			

以下の欄は記入しないで下さい.

目　的	
原　理 方　法	
デ ー タ	
結　果	
グ ラ フ	
質問に対 する答	
考　察	
そ の 他	

6

実験日　　　　年　　　月　　　日　　　曜

指　　　導
先生

実 験 課 題　　　回 折 と 干 渉

気温	℃	湿度	％	気圧	hPa	測定時刻	時　　分

学　　　科	学年	組	番号	班	氏　　名	共同者(姓のみで可)

月　日	月　　日	月　　日	月　　日
検 印			

以下の欄は記入しないで下さい.

目　的	求めたい物理量は何か 特に修得すべき実験技術は何か
原　理 方　法	個条がきにかく(自分の言葉で)
データ	見出し(何を測定したのか)　　　　単位 データ処理(計算過程)　　　　　有効数字
結　果	見やすさ　　　　見出し　　　単位　　　有効数字 求めた物理量　　　　まとめ
グラフ	座標軸　　　座標の目盛(軸の内側にはっきりと)　　　測定点の大きさ 標題　　　　凡例をかく,　　　直線,　　　曲線,　　　単位,
質問に対 する答	問
考　察	有効数字をどのように決めたか(p. 15 の σ_x)　　　結果について グラフからの考察
その他	線引きを使う　　　文字はていねいに　　　Ａ４版レポート用紙 レポートを読みかえす　　　実験中に気のついたこと

回折と干渉①

［結果とまとめ］

実験 1　マイケルソン干渉計を使ってレーザー光の波長を求める

bull's eye の数	0	10	20	30	40	50	60	70	80	90
x										

平均値と平均 2 乗誤差を計算する（時間の都合で測定回数を少なくしている）

x_i	x_{i+5}	$x_{i+5} - x_i$	Δx_i	$v_i = \Delta x_i - X$	v_i^2
			$X =$	$\sum v_m =$	$\sum v_m^2 =$

d' [nm/目盛] は各干渉計の数値を使用する.

$\qquad$ X の平均 2 乗誤差　$\sigma_X = \sqrt{\dfrac{}{ \times }} =$

$\qquad \lambda = \dfrac{2X}{10} d' =$

$\qquad \Delta\lambda = \dfrac{\sigma_X}{X} \lambda =$

求めるレーザー光の波長は　　　$\lambda = \qquad\qquad \pm \qquad\qquad$ [nm]

実験 2　細い線の直径を求める

m	1	2	3	4	5	6	7	8
y_m[mm]								

レーザー光の波長 λ [nm] は実験 1 で得た数値 λ を使用する.

$\qquad$ グラフの傾き $y/m = ($ $\qquad$ $)$ [mm]

$\qquad d = \dfrac{() \times 10^{-9} \times ()}{() \times 10^{-3}} = ($ $\qquad$ $) \times 10^{-6}$ [m]

細い線の直径は　　　$d = \qquad\qquad$ [μm]

回折と干渉 ②

実験 3　自分で選んだ試料（毛髪等）の直径を求める

試料名

m	1	2	3	4	5	6	7
y_m [mm]							

（7 個以上データを書いてよい）

平均値と平均 2 乗誤差を計算する（時間の都合で測定回数を少なくしている）

y_m	y_{m+3}	$y_{m+3} - y_m$	Δy_m	$v_m = \Delta y_m - Y$	$v_m{}^2$
			$Y =$	$\sum v_m =$	$\sum v_m{}^2 =$

レーザー光の波長 λ [nm] は実験 1 で得た数値を使用する．

Y の平均 2 乗誤差　$\sigma_Y = \sqrt{\dfrac{}{\times}} = $

$d = \boxed{} \cdot 10^{-9} \times \boxed{} / (\boxed{} \times 10^{-3}) = \times 10^{-6}$ [m]

$\Delta d = \left(\dfrac{\sigma_Y}{Y} + \dfrac{\Delta\lambda}{\lambda} \right) d = $

試料名は　＿＿＿＿＿＿＿＿＿＿＿＿＿

試料の直径は　　　$d = \pm $ [μm]

問　マイケルソン干渉計の歴史的意義について書きなさい．

物 理 実 験 第　　回 報 告 書

7

実験日　　　　年　　月　　日　　曜

指　　　導

先生

実 験 課 題　　　　　磁　気

気温	℃	湿度	％	気圧	hPa	測定時刻	時　　分

学　　　科	学年	組	番号	班	氏　　　名	共同者(姓のみで可)

月　日	月　　　日	月　　　日	月　　　日
検　印			

以下の欄は記入しないで下さい.

目　的	
原　理　方　法	
デ ー タ	
結　果	
グ ラ フ	
質問に対する答	
考　察	
そ の 他	

8

実験日　　　　年　　月　　日　　曜

指	導
	先生

実 験 課 題　　　オ シ ロ ス コ ー プ

気温	℃	湿度	%	気圧	hPa	測定時刻	時　　分

学　　　科	学年	組	番号	班	氏　　　名	共同者(姓のみで可)

月　日	月　　　日	月　　　日	月　　　日
検 印			

以下の欄は記入しないで下さい.

目　　的	
原　　理 方　　法	
デ ー タ	
結　　果	
グ ラ フ	
質問に対 する答	
考　　察	
そ の 他	

物 理 実 験 第　　回 報 告 書

9

実験日　　　　年　　月　　日　　曜

指	導
	先生

実 験 課 題　　　　電　磁　波

気温	℃	湿度	%	気圧	hPa	測定時刻	時　　分

学　　　科	学年	組	番号	班	氏　　　名	共同者(姓のみで可)

月　日	月　　　日	月　　　日	月　　　日
検 印			

以下の欄は記入しないで下さい.

目　　的	
原　　理 方　　法	書いてない　　不十分　　簡潔に　　教科書を丸写ししない
デ ー タ	見出し　　表にする　　単位　　有効数字
結　　果	見出し　　単位　　有効数字　　結果のまとめ　　計算ミス
グ ラ フ	
質問に対 する答	
考　　察	結果についての考察　　読みかえす
そ の 他	レポート全体を読みかえす　　Ａ4版レポート用紙　　文字をていねいに 線引きを使う

10

実験日　　　　　年　　月　　日　　曜

実 験 課 題　　**GM 管による β 線の測定**

<table>
<tr><td colspan="2">指　　　　導</td></tr>
<tr><td colspan="2">先生</td></tr>
</table>

気温	℃	湿度	%	気圧	hPa	測定時刻	時　　　分

学　　　科	学年	組	番号	班	氏　　　名	共同者(姓のみで可)

月　日	月　　　日	月　　　日	月　　　日
検 印			

以下の欄は記入しないで下さい.

目　　　的	
原　　理 方　　法	書いてない　　不十分　　簡潔に　　指導書を丸写ししない
デ ー タ	見出し　　表にする　　単位　　有効数字　　データ処理(計算過程)　　計算ミス
結　　果	見出し　　単位　　有効数字　　結果のまとめ　　計算ミス
グ ラ フ	プラトー特性　　座標軸　　目盛(軸の内側にはっきりと)　　測定点の大きさ 吸 収 曲 線　　標題　　曲線の引き方　　標準偏差の記入
質問に対 する答	
考　　察	結果についての考察　　読みかえせ
そ の 他	レポート全体を読みかえせ　　Ａ４版レポート用紙　　文字をていねいに 線引きを使う

c. バックグラウンドの測定

計数 N_b	測定時間 T_b	バックグラウンドの計数率 $\dfrac{N_b}{T_b}$

d. アルミ箔を透過した β 線の測定

アルミ箔の枚数	吸収体の面積質量 ρx	測定時間 T	計数 N	測定計数率 $\dfrac{N}{T}$	計数率 $n_s = \dfrac{N}{T} - \dfrac{N_b}{T_b}$	標準偏差 σ

データが取れたら，片対数グラフ用紙にプロットする（横軸：ρx，縦軸：n_s）．